高等职业教育装备制造类专业系列教材

液压与气压传动（第3版）

YEYA YU QIYA CHUANDONG（DI 3 BAN）

主　编　石金艳　范芳洪　谢　菲
副主编　张克昌　沈润东　江兴刚
参　编　蒋　帅　黄剑锋　杨　文
主　审　曹学鹏

内容简介

本书根据高职高专人才的培养目标,教育部关于高职高专教育液压传动课程教学的基本要求,以及高等职业教育教学和改革的要求,在广泛吸取与借鉴近年来高职高专液压传动课程教学经验的基础上编写而成。

全书共包含9个项目,以液压传动为主、气压传动为辅。主要讲述了液压传动与气压传动的基本原理、特点及应用;液压元件、气动元件、液压辅件、气动辅件的工作原理、基本结构和使用、常见的故障与排除;液压与气压系统基本回路及典型应用回路的分析、液压系统的安装、维护及常见故障的排除。

本书可作为高等职业教育机械设计与制造、机电一体化、数控技术、动力与车辆工程、模具设计与制造等专业的教材,也适合作为各类成人高校、自学考试等有关机械类专业的教材,也可供自学者和相关技术人员参考。

图书在版编目(CIP)数据

液压与气压传动/石金艳,范芳洪,谢菲主编.—3版.—西安:西安交通大学出版社,2023.9
高等职业教育装备制造类专业系列教材
ISBN 978-7-5693-3440-1

Ⅰ.①液… Ⅱ.①石… ②范… ③谢… Ⅲ.①液压传动—高等职业教育—教材 ②气压传动—高等职业教育—教材 Ⅳ.①TH137 ②TH138

中国国家版本馆 CIP 数据核字(2023)第185582号

书　　名	液压与气压传动(第3版) Yeya yu Qiya Chuandong(Di 3 Ban)
主　　编	石金艳　范芳洪　谢　菲
责任编辑	杨　璠
责任校对	张　欣
封面设计	任加盟
出版发行	西安交通大学出版社 (西安市兴庆南路1号　邮政编码 710048)
网　　址	http://www.xjtupress.com
电　　话	(029)82668357　82667874(市场营销中心) (029)82668315(总编办) (029)82668804(编辑部)
传　　真	(029)82668280
印　　刷	陕西天意印务有限责任公司
开　　本	787 mm×1092 mm　1/16　印张　15.75　字数　382千字
版次印次	2014年12月第1版　2023年9月第3版　2023年9月第1次印刷
书　　号	ISBN 978-7-5693-3440-1
定　　价	49.00元

如发现印装质量问题,请与本社市场营销中心联系。
订购热线:(029)82665248　(029)82667874
投稿信箱:phoe@qq.com

版权所有　侵权必究

前言

  液压与气动技术是当今机械装备技术中发展速度较快的技术之一。特别是近年来与微电子技术、计算机技术的结合,使该项技术的发展进入一个崭新的阶段,在我国国民经济的各个领域得到了广泛的应用,如工业、农业、航空、航天、国防、交通、运输等。"液压与气压传动"课程已成为装备制造类专业学生必修的专业基础课程。

  为满足职业教育高质量发展和高职院校教学改革的需求,深入贯彻党的二十大精神,我们对《液压与气压传动》教材进行第3次修订。

  本书力求精简理论知识,丰富实际应用,选用新颖的内容,体现以职业能力为本位,以应用为核心,以"实用、必需、够用"为度的编写原则,以适应我国高职院校高素质技术技能人才培养的需要。

  全书包括教材部分和实训部分。教材部分包括液压传动和气压传动两部分内容,分为项目1~9及附录A、B,主要介绍了液压传动与气压传动的基本原理、特点及应用;液压元件、气动元件、液压辅件、气动辅件的工作原理、基本结构和使用及常见的故障与排除;液压与气压系统基本回路及典型应用回路的分析,以及液压系统的安装、维护与常见故障的排除。

  本书由湖南铁道职业技术学院石金艳、范芳洪、谢菲担任主编;湖南铁道职业技术学院张克昌、沈润东,怀化职业技术学院江兴刚任副主编;参与编写的还有湖南铁道职业技术学院蒋帅、杨文、黄剑锋。

  本书由长安大学曹学鹏教授担任主审。曹学鹏教授对本书的总体结构和内容细节等进行了审阅,提出了许多宝贵而富有价值的意见,在此表示衷心的感谢!

本书可作为高职高专机械设计与制造、数控技术、机电一体化、模具设计与制造、自动化控制技术、工业机器人、铁道车辆技术等专业的教材,也适合作为各类成人高校、自学考试等有关装备制造类专业的教材,亦可供自学者和相关技术人员参考。

在编写过程中,我们参考了有关文献,在此对这些文献的作者表示衷心的感谢!

由于编者水平有限,加之时间仓促,书中疏漏之处难免,殷切希望广大读者提出宝贵意见。

编 者

2023 年 6 月

目录

项目1　液压传动的工作原理及应用 ……………………………………（1）
　任务1　液压传动的工作原理分析 …………………………………（3）
　任务2　液压系统原理图的识读 ……………………………………（5）
　任务3　液压传动的应用 ……………………………………………（6）
　任务4　液压油的选用 ………………………………………………（8）
　任务5　液体静力学分析 ……………………………………………（13）
　任务6　液体动力学分析 ……………………………………………（17）
　习题1 …………………………………………………………………（22）

项目2　液压动力元件的工作原理及应用 ………………………………（25）
　任务1　液压泵的工作原理分析 ……………………………………（27）
　任务2　液压泵的主要性能参数计算 ………………………………（27）
　任务3　液压泵的结构分析 …………………………………………（30）
　任务4　液压泵的降噪处理 …………………………………………（37）
　任务5　液压泵的选用 ………………………………………………（37）
　任务6　液压泵常见故障及排除 ……………………………………（38）
　习题2 …………………………………………………………………（42）

项目3　液压执行元件的工作原理及应用 ………………………………（45）
　任务1　液压缸的工作原理及应用 …………………………………（47）
　任务2　液压马达的工作原理及应用 ………………………………（57）
　习题3 …………………………………………………………………（64）

项目4　液压控制元件的工作原理及应用 ………………………………（67）
　任务1　液压阀工作的要求 …………………………………………（69）
　任务2　方向阀的工作原理及应用 …………………………………（70）
　任务3　压力阀的工作原理及应用 …………………………………（81）

任务 4　流量阀的工作原理及应用 …………………………… (95)
　　习题 4 ………………………………………………………………… (98)

项目 5　液压辅助元件的工作原理及应用 …………………………… (103)
　　任务 1　滤油器的工作原理及应用 …………………………… (105)
　　任务 2　蓄能器的工作原理及应用 …………………………… (109)
　　任务 3　油箱的工作原理及应用 ……………………………… (111)
　　任务 4　热交换器的工作原理及应用 ………………………… (113)
　　任务 5　连接件的工作原理及应用 …………………………… (115)
　　任务 6　密封装置的工作原理及应用 ………………………… (118)
　　任务 7　压力表的工作原理及应用 …………………………… (123)
　　习题 5 ………………………………………………………………… (125)

项目 6　液压基本回路的工作原理及应用 …………………………… (127)
　　任务 1　方向控制回路的工作原理及应用 …………………… (129)
　　任务 2　压力控制回路的工作原理及应用 …………………… (131)
　　任务 3　速度控制回路的工作原理及应用 …………………… (137)
　　任务 4　多缸工作控制回路的工作原理及应用 ……………… (146)
　　习题 6 ………………………………………………………………… (151)

项目 7　典型液压系统分析 …………………………………………… (155)
　　任务 1　数控车床液压系统分析 ……………………………… (157)
　　任务 2　YT4543 型液压滑台的液压系统分析 ………………… (159)
　　任务 3　YB32－200 型液压机液压系统分析 ………………… (162)
　　任务 4　Q2－8 型汽车液压起重机液压系统分析 …………… (166)
　　习题 7 ………………………………………………………………… (170)

项目 8　液压系统的安装、维护与故障处理 ………………………… (173)
　　任务 1　液压系统的安装 ……………………………………… (175)
　　任务 2　液压系统的调试 ……………………………………… (178)
　　任务 3　液压系统的使用与维护 ……………………………… (179)
　　任务 4　液压系统故障诊断 …………………………………… (180)
　　任务 5　液压系统常见故障分析及排除 ……………………… (183)
　　习题 8 ………………………………………………………………… (186)

项目 9　气压传动的工作原理及应用 …………………………………………（187）
　　任务 1　气压传动工作原理分析 ……………………………………………（189）
　　任务 2　气源装置和辅助元件工作原理分析 ………………………………（191）
　　任务 3　气动执行元件工作原理分析 ………………………………………（195）
　　任务 4　气动控制元件及基本回路分析 ……………………………………（198）
　　任务 5　气动系统的应用与分析 ……………………………………………（208）
　　任务 6　气动系统的使用与维护 ……………………………………………（212）
　　习题 9 …………………………………………………………………………（215）

附录 A　常用液压与气压传动元件图形符号 …………………………………（217）
附录 B　"液压与气动技术"模拟试卷 …………………………………………（223）

实训 1　液压传动概念示范实训 …………………………………………………（227）
实训 2　液压泵的拆装实训 ………………………………………………………（231）
实训 3　液压回路实训 ……………………………………………………………（237）
实训 4　气动回路实训 ……………………………………………………………（243）

参考文献 …………………………………………………………………………（244）

项目 1 　液压传动的工作原理及应用

液压传动利用液体作为工作介质，依靠运动液体的压力能来传递动力。液压传动和气压传动统称为流体传动。在机械制造业中，工程机械、农用机械、数控加工机械、冶金自动化生产线以及飞机、汽车等产品，都广泛应用了液压与气动技术。运用液压与气动技术的水平高低，已成为衡量一个国家工业化水平高低的重要标志。因此，学习和掌握液压与气动技术，是机械制造类专业学生的一项重要学习任务。

项目1

知识目标

1. 了解液压传动系统的工作原理；
2. 熟悉液压传动系统的优缺点和应用范围；
3. 掌握液压系统图形符号表达的要求和方法；
4. 掌握液压系统的组成及各组成部分的作用；
5. 了解液压油的用途与种类、主要物理性质；
6. 了解液体静力学和动力学相关知识。

技能目标

1. 能正确识读液压元件职能符号；
2. 能正确选择液压系统适用的液压油牌号；
3. 能正确使用液压千斤顶。

素质目标

1. 树立标准意识；
2. 养成辩证思维习惯；
3. 培养严谨认真、科学务实的工作态度。

任务 1　液压传动的工作原理分析

对于不同的液压装置和设备,它们的液压传动系统虽然不同,但液压传动的基本原理是相同的,下面分别以液压千斤顶和机床工作台液压系统为例,介绍液压传动的工作原理。

1. 液压千斤顶的工作原理

图 1-1 所示为液压千斤顶的工作原理示意图。图中大油缸 6、小油缸 3 的缸体内部分别装有大活塞 7 和小活塞 4。当向上提起手动杠杆 5 时,小活塞 4 就被带动上升,于是小油缸 3 的下腔密封容积增大,腔内压力下降,形成部分真空,油箱 1 中的油液在大气压力的作用下顶开进油单向阀 2 进入小油缸 3 的下腔,完成一次吸油动作。当压下手动杠杆 5 时,小活塞 4 就向下移动,于是小油缸 3 的下腔密封容积减小,腔内压力上升,这时进油单向阀 2 关闭,小油缸 3 下腔的压力油顶开排油单向阀 9 进入大油缸 6 的下腔,完成一次排油动作,推动大活塞带动重物一起上升一段距离。如此往复地提起和压下手动杠杆 5,就能使重物不断上升,达到起重的目的。

如果液压千斤顶完成相应工作,将截止阀 8 打开,则在重物自重的作用下,大油缸 6 下腔的油液流回油箱,大活塞 7 落回到原位。

通过分析液压千斤顶的工作过程可知,液压传动是依靠液体在密封容积变化中的压力能来实现运动和动力传递的。液压传动装置本身是一种能量转换装置,它先将机械能转换为便于输送的液压能,然后又将液压能转换为机械能对外界负载做有用功。

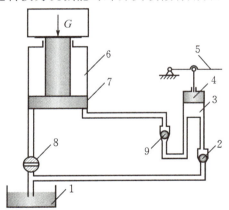

1—油箱;2—进油单向阀;3—小油缸;4—小活塞;5—手动杠杆;
6—大油缸;7—大活塞;8—截止阀;9—排油单向阀。

图 1-1　液压千斤顶的工作原理示意图

2. 机床工作台液压系统的工作原理

图 1-2 所示为一机床工作台液压系统工作原理图,它主要由液压泵、液压缸、换向阀、节流阀、溢流阀、油箱、滤油器以及连接管路等组成。

如图 1-2 所示,液压泵 4 由电动机驱动后,从油箱 1 中吸油,油液经滤油器 2 进入液压泵,液压泵把泵入口的低压油转换为泵出口的高压油。

在图 1-2 所示状态下,开停阀手柄 11 扳到右位,换向手柄 16 扳到右位,泵出口的油液通

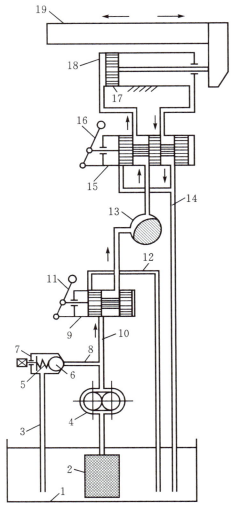

1—油箱;2—滤油器;3,12,14—回油管;4—液压泵;5—溢流阀的弹簧;
6—溢流阀的钢球;7—溢流阀;8,10—油管;9—开停阀;11—开停阀手柄;
13—节流阀;15—换向阀;16—换向手柄;17—活塞;18—液压缸;19—工作台。

图1-2 机床工作台液压系统工作原理图

过开停阀9、节流阀13和换向阀15进入液压缸18的左腔,推动活塞17驱动工作台19向右移动。这时,液压缸右腔的油液经换向阀15和回油管14排回油箱。

若开停阀手柄11扳到右位,换向手柄16扳到左位,则泵出口的油液通过开停阀9、节流阀13和换向阀15进入液压缸18的右腔,推动活塞17驱动工作台19向左移动。这时,液压缸左腔的油液还是经换向阀15和回油管14排回油箱。

若开停阀手柄11扳到左位,则泵出口的油液通过开停阀9、回油管12直接排到油箱,泵处于卸荷状态,不管换向手柄15扳到左位还是右位,液压缸两腔均不会进油,液压缸不会移动。

工作台19的移动速度是通过节流阀13进行调节的。当节流阀开大时,进入液压缸的油液量增多,工作台的移动速度变快;当节流阀关小时,进入液压缸的油液量减少,工作台的移动速度变慢。当工作台速度变慢和停止时,液压泵4输出的多余液压油克服溢流阀7中弹簧5的阻力,顶开钢球6,经回油管3流回油箱。

由此可见,为了克服移动工作台时所受到的各种阻力,液压缸必须产生一个足够大的推力,这个推力是液压缸中的油液压力产生的。要克服的阻力越大,缸中的油液压力就越高,反之亦然。这种现象说明了液压传动的一个工作特性——负载决定压力。工作台19的运动速度(即液压缸活塞17的运动速度)取决于进入液压缸的流量大小,流量越大,速度越快,反之亦然。简单地说,速度取决于流量。这种现象说明了液压传动的另一个工作特性——流量决定速度。

▶ 任务2　液压系统原理图的识读

1. 液压系统的组成

液压系统一般由液压动力元件、执行元件、控制元件、辅助元件和工作介质组成。

(1)动力元件。动力元件最常见的形式是液压泵。它的作用是将机械能转换成液体压力能,并且向液压系统提供压力油,是液压系统的能源装置。

(2)执行元件。将液体压力能转换成机械能,以驱动工作机构的元件,包括液压缸和液压马达。

(3)控制元件。它的作用是对系统中油液的压力、流量、方向进行控制和调节,包括压力阀、方向阀、流量控制阀。

(4)辅助元件。为保证液压系统正常工作的上述三个组成部分以外的其他元件,如管道、管接头、油箱、滤油器、压力表等。

(5)工作介质。传递能量的运动的流体,即液压油等。

2. 液压系统的图形符号

如图1-2所示,组成液压系统的各个元件是用半结构式图形画出来的,这种图直观性强,容易理解,当液压系统发生故障时,根据此图检查也比较方便。但是这种图绘制比较麻烦,尤其系统中元件较多时,绘制更加困难。而在实际工作中,常用简单示意的符号来绘制,如图1-3所示。图形符号不表示元件的具体结构,只表示元件的功能,它使系统图简化,表达原理简单明了,便于阅读、分析、设计和绘制。

为简化液压原理图的绘制,我国制定了一套液压图形符号标准,即《流体传动系统及元件图形符号和回路图　第1部分:图形符号》(GB/T 786.1—2021)。在此标准中,对于这些图形符号有以下几条基本规定:

(1)图形符号只表示相应元件的职能和连接系统的通路,不表示元件的具体结构和参数,也不表示元件在机器中的实际安装位置。

(2)在图形符号里,油液流动方向用箭头表示,线段两端都有箭头的,表示流动方向可逆,但有时箭头只表示连通,不一定指定流动方向。

(3)图形符号均以元件的静止位置或中间零位置表示,当系统的动作另有说明时,可作例外。

本书给出了GB/T 786.1—2021中常用元件的图形符号,参见本书附录A。

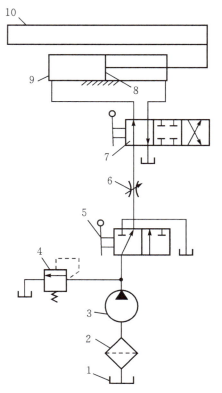

1—油箱;2—滤油器;3—液压泵;4—溢流阀;5—开停阀;
6—节流阀;7—换向阀;8—活塞;9—液压缸;10—工作台。

图1-3 机床工作台液压系统的图形符号

任务3 液压传动的应用

1. 液压传动的特点

1)液压传动的优点

(1)安装方便灵活。由于液压系统通过管路连接,因此液压传动的各种元件不受位置的限制,可根据具体的实际需要任意布置。

(2)重量轻、体积小,功率大。产生相同功率,液压系统所需的设备重量轻、体积小。例如,功率为 300 kW 的液压马达重量约为 2 kN,而功率为 300 kW 的电动机重量约为 16 kN。因此,利用较轻的液压设备就能获得大的驱动力和转矩。

(3)工作平稳。由于液压传动设备重量轻、体积小,从而惯性小,可以迅速启动和制动,容易实现频繁启动和调速。

(4)可实现大范围的无级调速,可以从 100∶1 调到 2000∶1,且调节方便。

(5)液压传动的工作介质一般采用矿物油,具有较高的弹性、散热性、吸振性好,运行时可自行润滑,因此液压系统使用寿命长。

(6)借助电子技术与液压技术的结合,可实现大负载、高精度、远程自动控制。

(7)液压元件实现了标准化、系列化、通用化,便于设计、制造和使用。

(8)采用液压传动可使工程机械易于实现智能化、节能化和环保化。

2)液压传动的缺点

(1)液压传动的工作性能易受温度条件的限制,主要由于液压传动工作介质的黏度与温度密切相关,当温度发生变化时,工作介质的黏度随之发生变化,直接影响能量传递的效率。因此,液压系统不宜在很高或很低的温度条件下工作。

(2)液压传动不能保证严格的传动比。液压传动是以液压油为工作介质的,由于液压油存在不可避免的泄漏,且液压油具有可压缩性以及管路的弹性变形,因此液压传动难以保证严格的传动比。

(3)液压传动的效率较低。由于液压系统中的能量经过二次变换,先由机械能转换成液体压力能,然后由液体压力能转换成机械能,再加上传递能量的过程中存在流体的流动阻力、液压油的泄漏,所以液压传动的效率低。

(4)液压元件为了减少油液的泄漏,保证高的密封性,液压元件在制造精度上要求较高,因此它的制造成本高。

(5)液压系统的可靠性不高,明显不如机械传动和电气传动,主要原因是液压系统易受工作介质的影响,如果工作介质污染严重,会加剧液压元件的磨损,导致流路阻塞,使可靠性降低。由此可知液压系统对油液的污染比较敏感。

总的说来,液压传动的一些缺点有的现已大为改观,有的将随着科学技术的发展而进一步得到改善。

2. 液压传动技术的应用

由于液压传动与机械传动、电气传动相比存在着不可比拟的突出优点,因此在机械行业中得到了广泛的应用。几乎所有机械装备都能见到液压技术的踪迹,其中不少已成为主要的传动和控制方式。具体体现如下:

(1)在工业机械装备中得到了广泛的应用,如锻压机械、数控加工中心、机床、轧钢机械、矿山机械。

(2)在行走机械中得到了广泛的应用,如建筑机械、农业机械、汽车、铁路等行走设备。

(3)在航空航天领域得到了广泛的应用,如飞机、宇宙飞船及火箭系统的装置中。

(4)在船舶中得到了广泛的应用,如船舶中的机械系统、传动系统、控制系统。

(5)在海洋工程中得到了广泛的应用,如海洋开发的机械装备、海下打捞工具。

(6)在生物工程中得到了广泛的应用,如进行生物科研的各种微型机械。

自20世纪90年代以来,机械行业进入了一个新的发展时期,新技术的广泛应用使得新结构和新产品不断涌现。随着微电子技术向工程机械的渗透,机械行业日益向智能化和机电一体化方向发展,对机械装备提出的要求也越来越苛刻。近年来,液压技术迅速发展,液压元件日臻完善,使得液压传动在机械行业中的应用突飞猛进,液压传动所具有的优势也日渐凸显。可以相信,随着液压技术与微电子技术、计算机控制技术以及传感技术的紧密结合,液压传动技术必将在机械行业的发展中发挥出越来越重要的作用。

任务 4 液压油的选用

1. 液压油的用途与种类

1) 液压油的作用

液压传动系统中的液压油主要具有以下四种作用：

(1) 传递运动与动力。液压油是液压系统的工作介质,液压泵将机械能转化为油液的压力能,液压油将压力能传至系统各处。

(2) 润滑液压元件。液压油具有润滑作用,液压元件各移动部件都可得到液压油的充分润滑,从而降低元件磨损,另外还可以防止元件生锈及腐蚀,提高液压元件使用寿命。

(3) 密封。液压系统中油液的泄漏会导致液压传动效率低,泄漏严重时,系统建立不起需要的工作压力,系统不能正常工作。因此液压系统对密封提出了很高的要求。液压油本身的黏性对细小的间隙有密封的作用。

(4) 冷却。油液经过系统传递能量之后,产生的能量损失变为热能,经过液压油的循环流动回油箱,液压油可以得到冷却。

2) 液压油的种类

液压油主要有矿物油型、乳化型、合成型三大类。液压油的主要品种及其特性和用途如表 1-1 所示。

表 1-1 液压油的主要品种及其特性和用途

类型	名称	ISO 代号	特性和用途
矿物油型	普通液压油	L-HL	精制矿物油加添加剂,提高抗氧化和防锈性能。适用于室内一般设备的中低压系统
	抗磨液压油	L-HM	L-HL 油加添加剂,改善抗磨性能。适用于工程机械、车辆液压系统
	低温液压油	L-HV	L-HM 油加添加剂,改善黏温特性。可用于环境温度在 −40～−20 ℃ 的高压系统
	高黏度指数液压油	L-HR	L-HL 油加添加剂,改善黏温特性,VI 值达 175 以上。适用于对黏温特性有特殊要求的低压系统,如数控机床液压系统
	液压导轨油	L-HG	L-HM 油加添加剂,改善黏-滑性能。适用于机床中液压和导轨润滑合用的系统
	全损耗系统用油	L-HH	浅度精制矿物油,抗氧化性、抗泡沫性较差。主要用于机械润滑,可作液压代用油,用于要求不高的低压系统
	汽轮机油	L-TSA	深度精制矿物油加添加剂,改善抗氧化、抗泡沫等性能,为汽轮机专用油。可作液压代用油,用于一般液压系统

续表 1-1

类型	名称	ISO 代号	特性和用途
乳化型	水包油乳化液	L-HFA	又称高水基液,难燃,黏温特性好,有一定的防锈能力,润滑性差,易泄漏。适用于有抗燃要求,大流量且泄漏严重的系统
乳化型	油包水乳化液	L-HFB	既具有矿物油型液压油的抗磨、防锈性能,又具有抗燃性。适用于有抗燃要求的中压系统
合成型	水-乙二醇液	L-HFC	难燃,黏温特性和抗蚀性好,能在-30~60 ℃温度下使用。适用于有抗燃要求的中低压系统
合成型	磷酸酯液	L-HFDR	难燃,润滑抗磨性能和抗氧化性能良好,能在-54~135 ℃温度范围内使用,缺点是有毒。适用于有抗燃要求的高压精密液压系统

2. 液压油的性质

1) 密度

液压油密度的大小随着其温度或压力的变化会产生一定的变化,但其变化量较小,一般可忽略不计。工业液压油系矿物油,一般密度为 850~950 kg/m³。油包水乳化液含水较多,密度为 920~940 kg/m³。水包油乳化液含水较多,密度为 1050~1100 kg/m³。

一般取液压油系矿物油,密度 $\rho = 900$ kg/m³。

2) 黏性

液体在外力作用下流动时,由于液体分子间的内聚力而产生一种阻碍液体分子之间进行相对运动的内摩擦力,液体的这种产生内摩擦力的性质称为液体的黏性。由于液体具有黏性,因此当流体发生剪切变形时,流体内就产生阻滞变形的内摩擦力。由此可见,黏性表征了流体抵抗剪切变形的能力。处于相对静止状态的流体中不存在剪切变形,因而也不存在变形的抵抗,只有当运动流体流层间发生相对运动时,流体对剪切变形的抵抗(也就是黏性)才表现出来。

黏性的大小可用黏度来衡量,黏度是选择液压用流体的主要指标,是影响流动流体的重要物理性质。

当液体流动时,液体与固体壁面的附着力及流体本身的黏性使流体内各处的速度大小不等。以流体沿如图 1-4 所示的平行平板间流动的情况为例,设上平板以速度 u_0 向右运动,下平板固定不动。紧贴于上平板上的流体粘附于上平板上,其速度与上平板相同。紧贴于下平板上的流体粘附于下平板,其速度为零。中间流体的速度按线性分布。我们把这种流动看成是许多无限薄的流体层在运动,当运动较快的流体层在运动较慢的流体层上滑过时,两层间由于黏性就产生内摩擦力的作用。根据实际测定的数据所知,流体层间的内摩擦力 F 与流体层的接触面积 A 及流体层的相对流速 du 成正比,而与此两流体层间的距离 dy 成反比,即

$$F = \mu A \frac{du}{dy} \tag{1-1}$$

以 $\tau = F/A$ 表示切应力,则有

$$\tau = \mu \frac{du}{dy} \tag{1-2}$$

式中：μ——衡量流体黏性的比例系数，称为绝对黏度或动力黏度；

$\dfrac{\mathrm{d}u}{\mathrm{d}y}$——流体层间速度差异的程度，称为速度梯度。

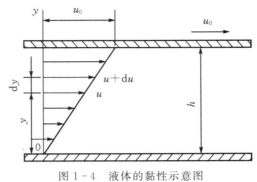

图 1-4 液体的黏性示意图

显然液体流动时，黏度、速度越大，摩擦阻力越大，静止液体中是没有摩擦阻力的。

运动黏度表示为

$$\nu = \dfrac{\mu}{\rho} \qquad (1-3)$$

黏度是液压油的主要性能指标。习惯上用运动黏度标志液体的黏度，例如机械油牌号的数值就是用其在 40 ℃时的平均运动黏度 cSt（厘斯）的数值。

液压油黏度新的分级方法是用 40 ℃时运动黏度的第一中心值为黏度牌号，共分为 8 个黏度等级。液压油牌号的编制方法和详细意义可查阅有关的液压手册。

运动黏度的国际单位为 m^2/s，在实际应用中，常用其他单位如 St（斯）、cSt（厘斯），其换算关系为：$1\ \mathrm{cSt} = 10^{-2}\ \mathrm{St} = 10^{-6}\ m^2/s$。

表 1-2 是常用液压油的新、旧黏度等级牌号的对照，旧标准是以 50 ℃时的黏度值作为液压油的黏度值。

表 1-2 常用液压油的牌号和黏度

ISO 3448:1992 黏度等级	GB/T 3141—1994 黏度等级（现牌号）	40 ℃时的运动黏度 /cSt	1983—1990 年的过渡牌号	1982 年以前相近的旧牌号
ISO VG15	15	13.5～16.5	N15	10
ISO VG22	22	19.8～24.2	N22	15
ISO VG32	32	28.8～35.2	N32	20
ISO VG46	46	41.4～50.6	N46	30
ISO VG68	68	61.2～74.8	N68	40
ISO VG100	100	90～110	N100	60

液压油的黏度会随压力和温度的变化而变化。

油液所受压力增大时，其分子间间距减小，内聚力增大，黏度也随之增大。但在机床液压系统所使用的压力范围内，液压油的黏度受压力变化的影响甚微，可以忽略不计。若系统压力高于10 MPa,如新型建材机械的液压系统或压力变化较大时,则应该考虑油液压力对黏度的影响。

液压油黏度对温度的变化十分敏感,当温度升高时,黏度随之降低,造成泄漏增加、磨损增加、效率降低等问题。温度下降,黏度增大,造成流动困难及泵转动不易等问题。液压油的黏度随温度变化的性质称为黏温特性。图1-5所示为几种常用国产液压油的黏度-温度曲线。

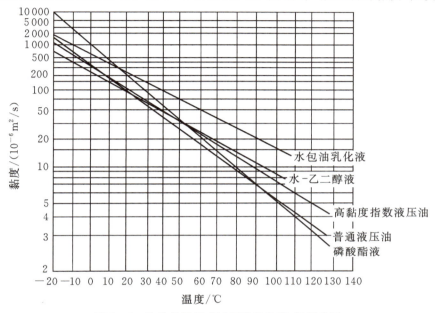

图1-5 几种常用国产液压油的黏度-温度曲线

3)压缩性

液压油在低、中压时可视为非压缩性液体,但高压时的压缩性就不可忽略了。在常温(20 ℃)和常压下,液压油的可压缩性是钢的100～150倍,是橡胶和尼龙的1/20～1/4,即相当于木材的压缩性。液压油的压缩性会降低运动的精度,增大压力损失而使油温上升,压力信号传递时,会有时间延迟、响应不良的现象。

液压油还有其他一些性质,如稳定性、抗泡沫性、抗乳化性、抗燃性、防锈性、润滑性及相容性等,可通过在液压油中加入各种添加剂来实现。

3. 液压油的选择

液压油具有很多品种,可根据不同的使用场合选用合适的品种,在品种确定的情况下,主要是选择油液的黏度,主要考虑如下因素。

1)工作压力

一般情况下,当工作压力较高时,宜选用黏度较高的油,以免系统泄漏过多,效率过低;当工作压力较低时,可以用黏度较低的油,这样可以减少压力损失。例如,当压力$p=7～20$ MPa时,可选用46～100号的液压油,当压力$p<7$ MPa时,可选用32～68号的液压油。

在中、高压系统中使用的液压油还应具有良好的抗磨性。

2)运动速度

执行机构运动速度较高时,为了减少液体流动的功率损失,宜选用黏度较低的液压油,反之选用黏度较高的液压油。

3) 环境温度

环境温度高,液压油的工作温度相应提高,则液压油的黏度就会降低,故要选黏度较高的液压油作为工作介质;环境温度低,液压油的工作温度相应降低,则液压油的黏度就会增大,故要选黏度较低的液压油作为工作介质。

4) 液压泵的类型

液压泵是液压系统的重要元件,在系统中它的运动速度、压力和温升速度都较高,工作时间又长,因而对黏度要求较严格,所以选择黏度时应首先考虑到液压泵,否则,液压泵磨损快,容积效率低,甚至可能破坏泵的吸油条件。在一般情况下,可将液压泵要求液压油的黏度作为选择液压油的基准。液压油所用金属材料对液压油的抗氧化性、抗磨性、水解安定性有一定要求。各类液压泵推荐用的液压油,可参见表 1-3。

表 1-3 各类液压泵推荐用的液压油

液压泵类型		运动黏度/cSt		适用品种和黏度等级
		工作温度 5~40 ℃	工作温度 40~80 ℃	
叶片泵	<7 MPa	30~50	40~75	HM 油:32、46、68
	>7 MPa	50~70	55~90	HM 油:46、68、100
齿轮泵		34~70	95~165	HL 油(中、高压用 HM 油):32、46、68、100、150
柱塞泵	轴向	40~75	70~150	HL 油(高压用 HM 油):32、46、68、100、150
	径向	30~80	65~240	HL 油(高压用 HM 油):32、46、68、100、150

4. 液压油的污染与防护措施

液压油是否清洁,不仅影响液压系统的工作性能和液压元件的使用寿命,而且直接关系到液压系统是否能正常工作。液压系统多数故障与液压油受到污染有关,因此控制液压油的污染是十分重要的。

1) 液压油污染的原因

液压油被污染的原因主要有以下几方面:

(1) 液压系统的管道及液压元件内的型砂、切屑、磨料、焊渣、锈片、灰尘等污垢在系统使用前冲洗时未被洗干净,在液压系统工作时,这些污垢就进入到液压油里。

(2) 外界的灰尘、砂粒等,在液压系统工作过程中通过往复伸缩的活塞杆,流回油箱的漏油等进入液压油里。另外在检修时,稍不注意也会使灰尘、棉绒等进入液压油里。

(3) 液压系统本身也不断地产生污垢,而直接进入液压油里,如金属和密封材料的磨损颗粒,过滤材料脱落的颗粒或纤维及油液因油温升高氧化变质而生成的胶状物等。

2) 液压油污染的危害

液压油污染严重时,直接影响液压系统的工作性能,使液压系统经常发生故障,缩短液压元件使用寿命。造成这些危害的原因主要是污垢中的颗粒。对于液压元件来说,这些固体颗粒进入到元件里,会使元件的滑动部分磨损加剧,并可能堵塞液压元件里的节流孔、阻尼孔,或使阀芯卡死,从而造成液压系统的故障。水分和空气的混入使液压油的润滑能力降低并使它加速氧化变质,产生气蚀,使液压元件加速腐蚀,使液压系统出现振动、爬行等。

3)防止液压油污染的措施

由于造成液压油污染的原因多而复杂,且液压油自身又在不断地产生污垢,因此要彻底解决液压油的污染问题是很困难的。为了延长液压元件的寿命,保证液压系统可靠地工作,将液压油的污染度控制在某一限度以内是较为切实可行的办法。对液压油的污染控制工作主要是从两个方面着手:一是防止污染物侵入液压系统;二是把已经侵入的污染物从系统中清除出去。污染控制要贯穿于整个液压装置的设计、制造、安装、使用、维护和修理等各个阶段。

为防止液压油污染,在实际工作中应采取如下措施:

(1)使液压油在使用前保持清洁。液压油在运输和保存过程中都会受到外界污染,新买来的液压油看上去很清洁,其实很"脏",必须将其静放数天并经过滤后加入液压系统中使用。

(2)使液压系统在装配后、运转前保持清洁。液压元件在加工和装配过程中必须清洗干净,液压系统在装配后、运转前应彻底进行清洗,最好用系统工作中使用的油液清洗,清洗时油箱除通气孔(加防尘罩)外必须全部密封,密封件不可有飞边、毛刺。

(3)使液压油在工作中保持清洁。液压油在工作过程中会受到环境污染,因此应尽量防止工作中空气和水分的侵入,为完全消除水、空气和污染物的侵入,应采用密封油箱,并在通气孔上加空气滤清器,防止尘土、磨料和冷却液侵入,经常检查并定期更换密封件和蓄能器中的胶囊。

(4)采用合适的滤油器。这是控制液压油污染的重要手段。应根据设备的要求,在液压系统中选用不同的过滤方式、不同的精度和不同结构的滤油器,并要定期检查和清洗滤油器和油箱。

(5)定期更换液压油。更换新油前,油箱必须先清洗一次,系统较脏时,可用煤油清洗,排尽后注入新油。

(6)控制液压油的工作温度。液压油的工作温度过高对液压装置不利,液压油本身也会加速变质,产生各种生成物,缩短它的使用期限。一般液压系统的工作温度最好控制在65 ℃以下,机床液压系统则应控制在55 ℃以下。

▶ 任务5　液体静力学分析

液压传动是以液体作为工作介质进行能量传递的,因此要研究液体处于相对平衡状态下的力学规律及其实际应用。所谓相对平衡,是指液体内部各质点间没有相对运动,液体本身完全可以和容器一起如同刚体一样做各种运动。因此,液体在相对平衡状态下不呈现黏性,不存在切应力,只有法向的压应力,即静压力。

1. 液体静压力及其特性

作用在液体上的力有两种类型:一种是质量力,另一种是表面力。

质量力作用在液体所有质点上,它的大小与质量成正比,属于这种力的有重力、惯性力等。单位质量液体受到的质量力称为单位质量力,在数值上等于重力加速度。

表面力作用于所研究液体的表面上,如法向力、切向力。表面力可以是其他物体(例如活塞、大气层)作用在液体上的力;也可以是一部分液体间作用在另一部分液体上的力。对于液体整体来说,其他物体作用在液体上的力属于外力,而液体间作用力属于内力。由于理想液体质点间的内聚力很小,因此液体不能抵抗拉力或切向力,即使是微小的拉力或切向力都会使液体发生流动。因为静止液体不存在质点间的相对运动,也就不存在拉力或切向力,所以静止液体只能承受压力。

静压力是指静止液体单位面积上所受的法向力,简称压力,用 p 表示,静压力在物理学中称为压强。

液体内某质点处的法向力 ΔF 对其微小面积 ΔA 的极限称为压力 p,即

$$p = \lim_{\Delta A \to 0} \frac{\Delta F}{\Delta A} \tag{1-4}$$

若法向力均匀地作用在面积 A 上,则压力表示为

$$p = \frac{F}{A} \tag{1-5}$$

式中:A——液体有效作用面积;

F——液体有效作用面积 A 上所受的法向力。

我国采用法定计量单位 Pa(N/m², 帕斯卡, 简称帕)来计量压力,$1\text{ Pa} = 1\text{ N/m}^2$。实际应用中还习惯用 MPa(兆帕,$1\text{ MPa} = 1\text{ N/mm}^2$)和 bar(巴,$1\text{ bar} = 1\text{ kgf/cm}^2$)作为压力单位。各单位之间的换算为:$1\text{ MPa} = 10^6\text{ Pa} \approx 10\text{ bar}$。

静压力具有下述两个重要特征:

(1) 液体静压力垂直于作用面,其方向与该面的内法线方向一致。

(2) 静止液体中,任何一点所受到的各方向的静压力都相等。

2. 液体静力学方程

静止液体内部受力情况可用图 1-6 来说明。设容器中装满液体,在任意一点 A 处取一微小面积 $\mathrm{d}A$,该点距液面深度为 h,距坐标原点高度为 z,容器液平面距坐标原点为 z_0。为了求得任意一点 A 的压力,可取底面积为 $\mathrm{d}A$ 这个微小液柱为分离体,如图 1-6(b)所示。

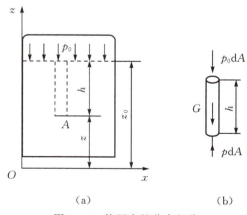

图 1-6 静压力的分布规律

根据静压力的特性,作用于这个液柱上的力在各方向都平衡,现求各作用力在 z 方向的平衡方程。微小液柱顶面上的作用力为 $p_0\mathrm{d}A$(方向向下),液柱本身的重力为 $\rho g h\mathrm{d}A$(方向向下),

液柱底面对液柱的作用力为 $p\mathrm{d}A$（方向向上），则平衡方程为

$$p\mathrm{d}A = p_0\mathrm{d}A + \rho gh\mathrm{d}A \quad (1-6)$$

式(1-6)经简化后得

$$p = p_0 + \rho gh \quad (1-7)$$

式(1-7)为静压力的基本方程。此式表明：

(1) 静止液体中任一点的压力均由两部分组成，即液面上的表面压力 p_0 和液体自重而引起的对该点的压力 ρgh。

(2) 静止液体内的压力随液体距液面的深度增加而增加。

(3) 在静止液体容积中，同一深度上各点的压力相等，压力相等的所有点组成的面为等压面。因此，在重力作用下静止液体的等压面为一个平面。

液体在受外界压力作用的情况下，液体自重所形成的那部分压力 ρgh 相对很小，在液压系统中往往可以忽略不计，因而可近似认为整个液体内部的压力是相等的。我们在分析液压系统的压力时，一般都采用这一结论。

3. 压力的表示方法及单位

液压系统中的压力就是指压强，液体压力通常有绝对压力、相对压力（表压力）、真空度三种表示方法。

因为在地球表面上，一切物体都受大气压力的作用，而且是自成平衡的，即大多数测压仪表在大气压下并不动作，这时它所表示的压力值为零，所以测压仪表测出的压力是高于大气压力的那部分压力。也就是说，该压力是相对于大气压（即以大气压为基准零值时）所测量到的一种压力，因此称它为相对压力或表压力。另一种是以绝对真空为基准零值时所测得的压力，我们称它为绝对压力。当绝对压力低于大气压时，习惯上称为出现真空。因此，某点的绝对压力比大气压小的那部分数值叫做该点的真空度。

如某点的绝对压力为 $0.405\,2\times10^5$ Pa（0.4 atm），则该点的真空度为 $0.608\,05\times10^5$ Pa（0.6 atm）。1 atm 即一个大气压，1 atm = $1.013\,25\times10^5$ Pa。

绝对压力、相对压力（表压力）和真空度的关系如图 1-7 所示。

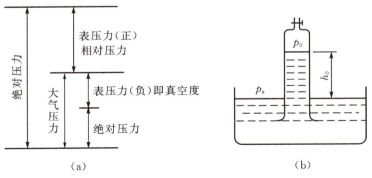

图 1-7 绝对压力、表压力和真空度的关系

由图 1-7(a)可知，绝对压力总是正值，表压力则可正可负，负的表压力就是真空度，如真空度为 4.052×10^4 Pa（0.4 atm），其表压力为 -4.052×10^4 Pa（-0.4 atm）。

我们把下端开口，上端具有阀门的玻璃管插入密度为 ρ 的液体中，如图 1-7(b)所示。如果

在上端抽出一部分封入的空气,使管内压力低于大气压力,则在外界的大气压力 p_a 的作用下,管内液体将上升 h_0,这时管内液面压力为 p_0,由流体静力学基本公式可知:$p_a = p_0 + \rho g h_0$。

根据图 1-7 所示,归纳得到如下结论:

(1) 绝对压力＝大气压力＋表压力。

(2) 表压力＝绝对压力－大气压力。

(3) 真空度＝大气压力－绝对压力。

4. 帕斯卡原理

密封容器内的静止液体,当边界上的压力 p_0 发生变化时,例如增加 Δp,则容器内任意一点的压力将增加同一数值 Δp。也就是说,在密封容器内施加于静止液体任一点的压力将以等值传到液体各点。这就是帕斯卡原理或静压传递原理。

在液压传动系统中,通常是外力产生的压力要比液体自重($\rho g h$)所产生的压力大得多。因此可把式(1-7)中的 $\rho g h$ 项略去,而认为静止液体内部各点的压力处处相等。

根据帕斯卡原理和静压力的特性,液压传动不仅可以进行力的传递,而且还能将力放大和改变力的方向。

图 1-8 所示是应用帕斯卡原理推导压力与负载关系的实例。图中垂直液压缸(负载缸)的截面积为 A_1,水平液压缸截面积为 A_2,两个活塞上的外作用力分别为 F_1、F_2,则缸内压力分别为 $p_1 = F_1/A_1$、$p_2 = F_2/A_2$。由于两缸充满液体且互相连接,根据帕斯卡原理有 $p_1 = p_2$,因此有

$$F_1 = F_2 A_1 / A_2 \tag{1-8}$$

上式表明,只要 A_1/A_2 足够大,用很小的力 F_2 就可产生很大的力 F_1。液压千斤顶和水压机就是按此原理制成的。

如果垂直液压缸的活塞上没有负载,即 $F_1 = 0$,则当略去活塞重量及其他阻力时,不论怎样推动水平液压缸的活塞也不能在液体中形成压力。这也充分说明了液压系统中的压力是由外界负载决定的这一基本特性。

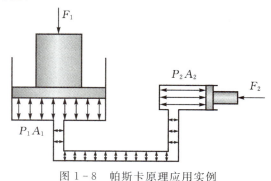

图 1-8 帕斯卡原理应用实例

5. 静止液体对容器壁面上的作用力

在液压传动中,略去液体自重产生的压力,液体中各点的静压力是均匀分布的,且垂直作用于受压表面。因此,如图 1-8 所示,当承受压力的表面为平面时,液体对该平面的总作用力 F 为液体的压力 p 与活塞面积 A 的乘积,其方向与该平面相垂直。如压力油作用在直径为 D 的活塞上,则有 $F = pA = p\pi D^2 / 4$。

当固体壁面为曲面时,如图1-9所示的球面和锥面,液体作用在固体壁面上某一方向的作用力 F 等于液体的静压力 p 和曲面在该方向上的投影面积 A 的乘积,即

$$F = pA = p\pi d^2/4$$

式中:d——承压部分曲面投影圆的直径。

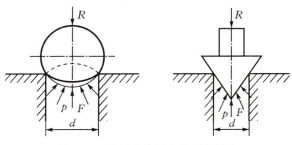

图1-9 液压力作用在曲面上的力

▶ 任务6 液体动力学分析

液体通过任一横截面的速度、压力和密度不随时间改变而改变的流动称为稳定流;反之,速度、压力和密度其中一项随时间改变的,就称为非稳定流。

在研究液体流动时,将假设的既无黏性又无压缩性的液体称为理想液体,而将事实上存在的有黏性和可压缩性的液体称为实际液体。

1. 连续性方程

液体的可压缩性很小,一般情况下可认为是不可压缩的,即密度 ρ 为常数。由质量守恒定律可知,理想液体在管路中作稳定流动时,液体的质量保持不变,因此在单位时间内通过任一截面的液体质量必然相等。在流体力学中这个规律用称为连续性方程的数学形式来表达。

单位时间内流过某一过流断面流体的体积量称为流量,用字母 Q 表示。通过过流断面的流量与其面积之比,称为过流断面处的流速。

如图1-10所示管内两个过流断面面积分别为 A_1、A_2,相应的平均流速分别为 v_1 和 v_2,液体的密度为 ρ,依据质量守恒有

$$\rho v_1 A_1 = \rho v_2 A_2 = 常数 \tag{1-10}$$

$$v_1 A_1 = v_2 A_2 = Q = 常数 \tag{1-11}$$

则通过任一过流断面的流量 Q 为

$$Q = v_1 A_1 = v_2 A_2 = v_3 A_3 = \cdots = v_n A_n = 常数 \tag{1-12}$$

式(1-12)即为流量的连续性方程。表明通过流管内任一过流断面上的流量相等,当流量一定时,任一过流断面上的过流断面面积与流速成反比。则有任一过流断面 A_i 上的平均流速 v_i 为

$$v_i = Q/A_i \tag{1-13}$$

流量 Q 的国际单位为 m³/s,常用单位有 L/min,换算关系为 1 m³/s=6×10⁴ L/min。

2. 伯努利方程

在没有黏性和不可压缩的稳定流动中,如图1-11所示,依据能量守恒定律可得

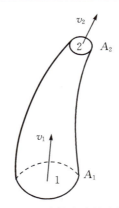

图 1-10 液体流动的连续性

$$p_1 + \rho g h_1 + \frac{1}{2}\rho v_1^2 = p_2 + \rho g h_2 + \frac{1}{2}\rho v_2^2 = 常数 \quad (1-14)$$

或

$$p + \rho g h + \frac{1}{2}\rho v^2 = 常数 \quad (1-15)$$

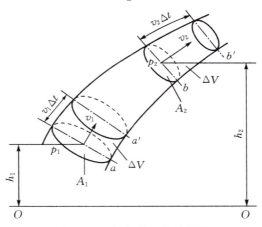

图 1-11 伯努利方程示意图

式(1-15)中等号左边各项分别是单位体积液体的压力能、位能和动能。因此，理想液体伯努利方程的物理意义是：在密闭管道内作恒定流动的理想液体具有三种形式的能量，即压力能、位能和动能，在流动过程中，三种能量可以相互转化，但各个过流断面上三种能量之和恒为定值，即能量守恒。

在具有黏性和不可压缩的稳定流动中，由于液体存在着黏性，其黏性力在起作用，并表示为对液体流动的阻力，实际液体的流动要克服这些阻力，表示为机械能的消耗和损失。因此，当液体流动时，液流的总能量或总比能在不断地减少。按伯努利方程得

$$p_1 + \rho g h_1 + \frac{1}{2}\rho v_1^2 = p_2 + \rho g h_2 + \frac{1}{2}\rho v_2^2 + \sum H_w \quad (1-16)$$

式中：$\sum H_w$——由于液体具有黏性而产生的能量损失。

3. 小孔形式及液流特性

液压传动中常利用液体流经阀的小孔或缝隙来控制流量和压力,以达到调速和调压的目的。

小孔可分为三种:当小孔的长度 l 和小孔直径 d 之比 $l/d \leqslant 0.5$ 时,称为薄壁小孔;$l/d > 4$ 时,称为细长孔;$0.5 < l/d \leqslant 4$ 时,称为短孔(厚壁孔)。

1)液体流经薄壁小孔的流量

流经薄壁小孔的流量为

$$Q = C_q A \sqrt{\frac{2\Delta p}{\rho}} \qquad (1-17)$$

式中:Δp——小孔前后的压力差,$\Delta p = p_1 - p_2$;

C_q——流量系数;

A——小孔过流断面面积。

C_q 一般由实验确定。当油液完全收缩时,$C_q = 0.6 \sim 0.62$;当不完全收缩时,$C_q = 0.7 \sim 0.8$。由式(1-17)可知,流经薄壁小孔的流量不受黏度变化的影响。因此,实际应用中常常采用薄壁小孔作为流量控制阀的节流孔,使流量不受黏度变化的影响。

2)液体流经短孔的流量

液体流经短孔的流量计算仍可用薄壁小孔的流量计算公式,只是流量系数不同,一般取 $C_q = 0.82$。短孔比薄壁孔易于加工,因此特别适合要求不高的节流阀用。

3)液体流经细长孔的流量

流经细长孔的流量为

$$Q = \frac{\pi d^4}{128 \mu l} \Delta p \qquad (1-18)$$

由式(1-18)可知,流经细长孔的流量会随液体黏度变化(油温变化和油液氧化都会引起其黏度变化)而变化。

上述三种小孔的流量公式,可以用一个通用公式来表达:

$$Q = KA\Delta p^m \qquad (1-19)$$

式中:K——由节流孔形状、尺寸和液体性质决定的系数,对细长孔 $K = d^2/(32\mu l)$,对薄壁孔和短孔 $K = C_q \sqrt{2/\rho}$;

A——小孔过流断面面积;

Δp——小孔过流断面两端压力差;

m——由小孔长径比决定的指数,薄壁孔 $m = 0.5$,短孔 $0.5 < m < 1$,细长孔 $m = 1$。

由式(1-19)可知,不论哪种小孔,通过的流量与小孔的过流断面面积 A 成正比,改变 A 就可以改变通过小孔的流量大小,即为节流阀的工作原理。

在流量不变的情况下,改变 A 的同时,小孔两端的压力差 Δp 也会发生变化,这就说明通过改变过流断面面积 A 可以调节压力大小,即为压力控制阀的工作原理。

4. 液体流动的压力损失、流量损失

1)压力损失

实际液体具有黏性,在流动时就有摩擦阻力,为了克服摩擦阻力,就需要消耗能量,这部分

能量损耗在液压传动中主要表现为压力损失。

压力损失有沿程损失和局部损失两种。液体在等径直管中流动时,由于液体内部、液体和管壁间的摩擦力引起的压力损失称为沿程损失。局部损失是由于管道截面形状突然变化、液流方向改变或其他形式的液流阻力而引起的压力损失。液压系统总的压力损失等于沿程损失与局部损失之和。由于零件结构不同(例如尺寸的偏差、表面粗糙度的不同),因此要准确计算出总的压力损失比较困难,但压力损失又是液压传动中一个必须考虑的因素,它关系到确定系统所需的供油压力和系统工作时的温升,所以往往在生产实际中希望压力损失尽可能小些。

由于压力损失不可避免,因此泵的额定压力要略大于系统工作时所需的最大工作压力。压力损失很难准确计算出来,一般可将系统工作所需的最大工作压力乘以一个压力损失系数 K_p 来估算,一般取 $K_p = 1.3 \sim 1.5$。

2) 流量损失

液压系统中,各液压元件都具有相对运动的表面,如液压缸内表面和活塞外表面,液压阀阀芯与阀体。具有相对运动的元件之间具有一定的间隙,如果间隙的一侧为高压油,另一侧为低压油,那么高压油就必然会经间隙流向低压油一侧,造成泄漏。此外,液压元件与管道接口的密封不严,也会导致系统一部分高压油液向液压系统外部泄漏。这些泄漏造成实际流量有所减少,我们称之为流量损失。

由液压系统的工作特性——流量决定速度——可知,流量损失则会影响运动速度,而泄漏又难以绝对避免,所以在液压系统中泵的额定流量要大于系统工作时所需的最大流量。通常也可以用系统工作时所需的最大流量乘以一个系统泄漏系数 K_q 来估算,一般取 $K_q = 1.1 \sim 1.3$。

5. 液压冲击和空穴现象

1) 液压冲击

在液压传动系统中,由于种种原因会引起液压油压力在瞬间急剧升高,形成较大的压力峰值,这种现象叫做液压冲击(水力学中称为水锤现象)。例如在液压系统中,当极快地换向或关闭液压回路时,致使液流速度急速地改变(变向或停止),由于流动液体的惯性或运动部件的惯性,会使系统内的压力发生突然升高或降低,引起液压冲击。

液压冲击时产生的瞬时压力是正常压力的好几倍,它不但会损坏密封装置、管道和液压元件,而且会引起振动和噪声。

液压冲击的危害是很大的。发生液压冲击时管路中的冲击压力往往急增很多倍,而使按工作压力设计的管道破裂。此外,所产生的液压冲击波会引起液压系统的振动和冲击噪声。因此,在液压系统设计时要考虑这些因素,应当尽量减少液压冲击的影响。为此,一般可采用如下措施:

(1) 缓慢关闭阀门,削减冲击波的强度;

(2) 在阀门前设置蓄能器,以减小冲击波传播的距离;

(3) 应将管中流速限制在适当范围内,或采用橡胶软管,也可以减小液压冲击;

(4) 在系统中装置安全阀,可起卸载作用。

2) 空穴现象

在液流中当某点压力低于液体所在温度下的空气分离压时,原来溶于液体中的气体会分离出来产生气泡,这就叫空穴现象。当压力进一步减小而低于液体的饱和蒸气压时,液体就迅速汽化形成大量蒸气气泡,使空穴现象更为严重,从而使液流呈不连续状态。

我们将产生空穴现象时的压力称为空气分离压。一般液体中溶解有空气,水中溶解有约2%体积的空气,液压油中溶解有6%~12%体积的空气。溶解状态的气体对油液体积弹性模量没有影响,而游离状态的小气泡则对油液体积弹性模量产生显著的影响。空气的溶解度与压力成正比。当压力降低时,原先压力较高时溶解于油液中的气体成为过饱和状态,于是就要分解出游离状态微小气泡,其速率是较低的,但当压力低于空气分离压时,溶解的气体就要以很高速度分解出来,成为游离微小气泡,并聚合长大,使原来充满油液的管道变为混有许多气泡的不连续状态,从而引发空穴现象。

例如,泵的吸油管路连接、密封不严使空气进入管道,回油管高出油面使空气冲入油中而被泵的吸油管吸入油路,泵的吸油管道阻力过大、流速过高均是造成空穴现象的原因。

发生空穴现象时,液体的流动特性变差,气泡随着液流进入高压区时,在高压作用下,其体积急剧缩小,随后气泡又凝结成液体,原先所占据的空间形成局部真空,周围液体质点以极高的速度来填补这一空间,使液体质点间相互碰撞,气泡凝结处瞬间局部压力可高达数百帕,温度可达近千度,形成较大的液压冲击,引发振动和噪声。如果这种局部冲击作用在金属表面,则会因反复受到液压冲击与高温作用,以及油液中逸出气体具有较强的酸化作用,而使金属表面产生腐蚀。由于空穴而产生金属的腐蚀,一般称为气蚀。

为了防止气蚀现象发生,就应该使液压系统内所有点的压力均高于液压油的空气分离压力。一般可采取如下预防措施:

(1)降低液压泵吸油口离油面高度,泵的吸油口要有足够的管径,滤油器压力损失要小,自吸能力差的泵用辅助供油。

(2)管路密封要好,防止空气渗入。

(3)减小进口、出口压差,一般控制进口、出口压力比 $p_1/p_2 < 3.5$ 为宜。

(4)提高零件抗空穴的能力,如采用抗腐蚀能力强的材料,提高零件的机械强度等。

强国之路——液压企业的转型发展

凭借先进的技术优势和卓越的制造工艺,徐州工程机械集团有限公司(以下简称徐工)新一代负载敏感多路阀研制成功。它作为液压阀产业中的核心序列产品,为机械产品带来了福音。

该液压控制阀具备现有系统中主阀及先导阀的组合功能,可完全替代作业,无论从成本、重量、响应时间等产品参数,还是在操控、智能、动作平稳等性能指标上都有了大幅度的提升。

高效可靠、节能环保、精确智能已经成为液压技术发展不可逆转的趋势。普通液压控制阀普遍采用旧型结构,不仅产品自身过重,且复合动作、系统冲击较大,随着用户对液压控制阀细节关注度的不断提升,已逐渐难以适应市场需求,而徐工新型负载敏感多路阀研制项目正是在这种背景下应运而生。面对"集成关键控制技术"这座满足主机差异化竞争必须翻过的一个"山头",徐工的技术团队为掌握多路阀产品设计、制造等核心技术,在产品试制阶段便从虚拟样机、仿真计算、复杂铸造、材料控制等方面入手,在确保工艺稳定性、严把产品质量关的同时,优化结构、创新思路,大胆引入了电比例控制、具有越权功能的合流自主选择开关等多项先进技术,克服了以往产品执行机构运动不稳定、复合动作操纵不理想等诸多难题。

近些年,中国逐渐实现转型,由"中国制造"逐渐转向"中国智造",以质量与技术作为发展标准,逐渐融入国际化的潮流中。

习题 1

一、填空题

1. 液压系统中的压力取决于(　　　　),执行元件的运动速度取决于(　　　　)。
2. 液压传动装置由(　　　　)、(　　　　)、(　　　　)、(　　　　)及工作介质组成,其中(　　　　)和(　　　　)为能量转换装置。
3. 液压油主要有(　　　　)、(　　　　)、(　　　　)三大类。
4. 黏性的大小可用(　　　　)来衡量,习惯上用(　　　　)标志液体的黏度,机械油牌号的数值就是用其在(　　　　)℃时的平均运动黏度(　　　　)的数值。
5. 液压油的黏度会随压力增大而(　　　　),随温度升高而(　　　　)。
6. 液体压力通常有(　　　　)、(　　　　)、(　　　　)三种表示方法。
7. 单位时间内流过某一过流断面流体的体积量称为(　　　　),用字母(　　　　)表示。
8. 液压系统的压力损失有(　　　　)和(　　　　)两种。
9. 流量连续性方程是(　　　　)在流体力学中的表达形式,而伯努利方程是(　　　　)在流体力学中的表达形式。(A.能量守恒定律;B.动量定理;C.质量守恒定律)

二、名词解释

1. 帕斯卡原理(静压传递原理)。
2. 绝对压力。
3. 相对压力。
4. 真空度。
5. 沿程压力损失。
6. 局部压力损失。
7. 液压冲击。
8. 空穴现象。

三、简答题

1. 简述液压传动的工作原理。
2. 液压传动系统有哪些组成部分?说明各组成部分的作用。
3. 如何选用液压油?
4. 压力有几种表示方法,相互之间有什么关系?
5. 管路中的压力损失有哪几种?分别与哪些因素相关?
6. 液压冲击和空穴现象是如何产生的,有什么危害?可以采取哪些措施来防止?

四、计算与分析题

1. 如图 1-12 所示，一油管水平放置，截面 1—1、2—2 的内径分别为 $d_1=5$ mm，$d_2=15$ mm，在管内流动的油液密度为 900 kg/m³。如果忽略油液流动的能量损失，请解答：

(1) 截面 1—1 和 2—2 哪一处的压力高一些？为什么？

(2) 如果管内通过的流量 $q=20$ L/min，求两截面间的压力差。

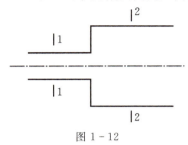

图 1-12

2. 如图 1-13 所示，在液压千斤顶的压油过程中，已知柱塞泵活塞 1 的面积 $A_1=1.13\times10^{-4}$ m²，液压缸活塞 2 的面积 $A_2=9.62\times10^{-4}$ m²，管路 3 的截面积 $A_3=1.3\times10^{-4}$ m²。若活塞 1 的下压速度 $v_1=0.2$ m/s，试求活塞 2 的上升速度 v_2 和管路内油液的平均流速 $\bar{v}_3$。

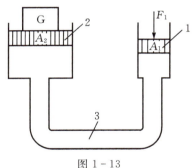

图 1-13

3. 液压泵安装如图 1-14 所示，泵从油箱吸油，泵的输出流量 $q_v=25$ L/min，吸油管直径 $d=30$ mm，设滤网及管道内总的压降为 0.03 MPa，油液的密度 $\rho=900$ kg/m³。要保证泵的进口真空度不大于 0.033 6 MPa，试求泵的安装高度。

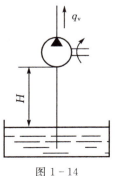

图 1-14

4. 图 1-15 为涂胶设备液压传动系统图。

(1)试借助附录 A 说出图中 1~10 各元件的名称。

(2)试简单分析该设备的工作原理。

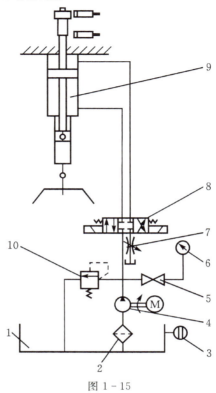

图 1-15

项目 2　液压动力元件的工作原理及应用

　　液压动力元件指的是各类液压泵。液压泵是液压系统中将机械能转化为液体压力能的能量转换元件,为液压系统提供一定流量的压力油,是液压系统工作的动力来源。液压泵是液压系统的核心元件,其性能的好坏直接影响到整个液压系统能否正常工作。

　　因此,液压系统中选用合理的液压泵极为关键。

项目 2

知识目标

1. 熟悉液压泵的工作原理；
2. 掌握三种典型液压泵的结构特点及应用；
3. 掌握液压泵的主要性能参数及计算；
4. 掌握不同类型液压泵的选用方法；
5. 熟悉液压泵常见故障及排除方法。

技能目标

1. 能正确识读液压泵的职能符号；
2. 能正确完成液压泵的性能参数计算；
3. 能正确选用液压泵的类型；
4. 能正确拆装液压泵；
5. 能排除液压泵的常见典型故障。

素质目标

1. 树立标准意识；
2. 养成辩证思维习惯；
3. 养成执着专注、精益求精的工匠精神；
4. 养成脚踏实地、团结协作的工作作风。

任务1 液压泵的工作原理分析

液压泵的工作原理如图 2-1 所示,柱塞 2 和泵体 7 组成一个密封工作腔 4,偏心轮 1 由原动机带动旋转。柱塞 2 安装在泵体 7 内,柱塞在弹簧 3 的作用下和偏心轮 1 接触。当偏心轮转动时,柱塞做左右往复运动。柱塞往右运动时,其左端和泵体所形成的密封容积增大,形成局部真空,油箱中的油液就在大气压作用下通过单向吸油阀 5 进入泵体内,单向压油阀 6 封住出油口,防止系统中的油液回流,这时液压泵吸油。当柱塞向左运动时,密封容积减小,单向吸油阀 5 封住吸油口,防止油液流回油箱,于是泵体内的油液受到挤压,便经单向压油阀 6 排入液压系统,这时就是压油。若偏心轮不停地转动,泵就不停地吸油和压油。

由此可见,液压泵是通过密封容积的周期性变化来实现吸油和压油工作的,其输出油量的多少取决于柱塞往复运动的次数和密封容积变化的大小。这种依靠密封工作容积的变化,将机械能转换为压力能的泵,称为容积式液压泵。

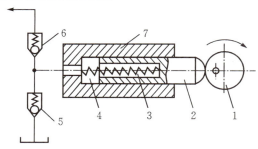

1—偏心轮;2—柱塞;3—弹簧;4—密封工作腔;5—吸油阀;6—压油阀;7—泵体。
图 2-1 液压泵工作原理图

容积式液压泵能正常工作的基本条件如下:
(1)在结构上能形成密封的工作容积。
(2)密封容积的大小能交替变化。泵的输油量与密封容积变化的大小及单位时间内的吸油、压油次数成正比。
(3)应具有配流装置,保证吸油腔与排油腔必须互相隔开。
(4)在吸油的过程中,必须使油箱与大气接通,这是吸油的必要条件。

任务2 液压泵的主要性能参数计算

1. 压力

1)工作压力

液压泵实际工作时的输出压力称为工作压力。工作压力的大小取决于外负载的大小和排油管路上的压力损失,而与液压泵的流量无关。

2)额定压力

液压泵在正常工作条件下,按试验标准规定连续运转的最高压力称为液压泵的额定压力。

3)最高允许压力

在超过额定压力的条件下,根据试验标准规定,允许液压泵短暂运行的最高压力值,称为液压泵的最高允许压力。

2. 排量和流量

1)排量

液压泵每转一周,由其密封容积几何尺寸变化计算而得的排出液体的体积称为液压泵的排量,用 V 表示,常用单位为 mL/r。排量可调节的液压泵称为变量泵;排量为常数的液压泵则称为定量泵。一般定量泵因结构简单、密封性较好、泄漏小,故在高压时效率也较高。

2)理论流量

理论流量是指在不考虑泄漏的情况下,在单位时间内所排出的油液体积,用 q_t 表示,单位为 L/min。显然,如果液压泵的排量为 V,其主轴转速为 n,则该液压泵的理论流量 q_t 为

$$q_t = nV \tag{2-1}$$

3)实际流量

液压泵在某一具体工况下,单位时间内所排出的液体体积称为实际流量,用 q 表示,单位为 L/min。它等于理论流量 q_t 减去泄漏流量 Δq,即

$$q = q_t - \Delta q \tag{2-2}$$

4)额定流量

液压泵在额定压力和额定转速下工作时实际输出的流量称为额定流量,用 q_n 表示。泵的产品样本或铭牌上标出的流量为泵的额定流量。

3. 功率和效率

1)液压泵的功率损失

液压泵的功率损失有容积损失和机械损失两部分。

(1)容积损失。容积损失是指液压泵流量上的损失。液压泵的实际输出流量总是小于其理论流量,其主要原因是由于液压泵内部高压腔的泄漏、油液的压缩以及在吸油过程中由于吸油阻力太大、油液黏度大以及液压泵转速高等原因而导致油液不能全部充满密封工作腔。液压泵的容积损失用容积效率来表示,它等于液压泵的实际输出流量 q 与其理论流量 q_t 之比,即

$$\eta_v = \frac{q}{q_t} = \frac{q}{nV} = \frac{q_t - \Delta q}{q_t} = 1 - \frac{\Delta q}{q_t} \tag{2-3}$$

因此液压泵的实际输出流量 q 为

$$q = q_t \eta_v = V n \eta_v \tag{2-4}$$

液压泵的容积效率随着液压泵工作压力的增大而减小,且随液压泵的结构类型不同而异,但恒小于1。

(2)机械损失。机械损失是指液压泵在转矩上的损失。液压泵的实际输入转矩 T_i 总是大于理论上所需要的转矩 T_t,其主要原因是由于液压泵体内相对运动部件之间因机械摩擦而引起的摩擦转矩损失以及液体的黏性而引起的摩擦损失。液压泵的机械损失用机械效率表示,它等于液压泵的理论转矩 T_t 与实际输入转矩 T_i 之比,则液压泵的机械效率为

$$\eta_m = \frac{T_t}{T_i} \tag{2-5}$$

2)液压泵的功率

(1)输入功率 P_i。液压泵的输入功率是指作用在液压泵主轴上的机械功率,当输入转矩为 T_i,角速度为 ω 时,有

$$P_i = \omega T_i = 2\pi n T_i \tag{2-6}$$

(2)输出功率 P_o。液压泵的输出功率是指液压泵在工作过程中的实际吸、压油口间的压差 Δp 和输出流量 q 的乘积,即

$$P_o = \Delta p q \tag{2-7}$$

式中:Δp——液压泵吸、压油口之间的压力差,N/m^2;

q——液压泵的实际输出流量,m^3/s;

p——液压泵的输出功率,$N \cdot m/s$ 或 W。

在实际的计算中,若油箱通大气,则液压泵吸、压油的压力差往往用液压泵出口压力 p 代替。

3)液压泵的总效率

液压泵的总效率是指液压泵的实际输出功率与其输入功率的比值,即

$$\eta = \eta_m \eta_v = \frac{P_o}{P_i} \tag{2-8}$$

由式(2-8)可知,液压泵的总效率等于其容积效率与机械效率的乘积,所以液压泵的输入功率也可写成

$$P_i = \frac{\Delta p q}{\eta} \tag{2-9}$$

液压泵的各个参数和压力之间的关系如图 2-2 所示。

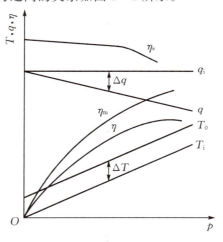

图 2-2 液压泵的特性曲线

【例 2.1】 一液压泵铭牌上显示,转速 $n = 1450$ r/min,额定流量 $q = 60$ L/min,额定压力 $p_m = 80 \times 10^5$ Pa,泵的总效率 $\eta = 0.8$。

(1)试求该泵应选配的电机功率;

(2)若该泵使用在特定的液压系统中,该系统要求泵的工作压力 $p_m = 40 \times 10^5$ Pa,求该泵应

选配的电机功率。

解 (1) $P_i = \dfrac{pq}{\eta \times 60 \times 1000} = \dfrac{80 \times 10^5 \times 60}{0.8 \times 60 \times 1000}$ W = 10 000 W = 10 kW

(2) $P_i = \dfrac{pq}{\eta \times 60 \times 1000} = \dfrac{40 \times 10^5 \times 60}{0.8 \times 60 \times 1000}$ W = 5000 W = 5 kW

▶ 任务3　液压泵的结构分析

液压泵的分类方式很多，按照压力的大小分为低压泵、中压泵和高压泵；按照流量是否可以调节分为定量泵和变量泵；按照结构分类主要有齿轮泵、叶片泵、柱塞泵、螺杆泵等。

1. 齿轮泵

齿轮泵的工作原理如图2-3所示。一对相互啮合的齿轮装在泵体内，齿轮两端面靠端盖密封，齿顶靠泵体的圆弧表面密封，在齿轮的各个齿间，形成了密封的工作容积。泵体有两个油口，一个是入口（吸油口），一个是出口（压油口）。

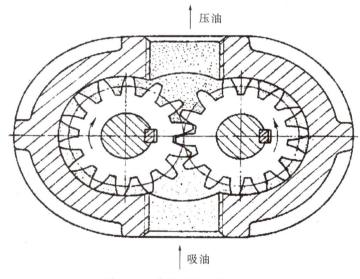

图2-3　齿轮泵的工作原理图

当电动机驱动主动齿轮旋转时，两齿轮转动方向如图所示。这时吸油腔的轮齿逐渐分离，由齿间所形成的密封容积逐渐增大，出现了部分真空，因此油箱中的油液就在大气压力的作用下，经吸油管和液压泵入口进入吸油腔。吸入到齿轮间的油液随齿轮旋转带到压油腔，随着压油腔轮齿的逐渐啮合，密封容积逐渐减小，油液就被挤出，从压油腔经出油口输送到压力管路中。由于齿轮泵的密封容积变化范围不能改变，故流量不可调，是定量泵。

CB-B齿轮泵的结构如图2-4所示。当泵的主动齿轮按图示箭头方向旋转时，齿轮泵右侧（吸油腔）齿轮脱开啮合，齿轮的轮齿退出齿间，使密封容积增大，形成局部真空，油箱中的油液在外界大气压的作用下，经吸油管路、吸油腔进入齿间。随着齿轮的旋转，吸入齿间的油液被带到另一侧，进入压油腔。这时轮齿进入啮合，使密封容积逐渐减小，齿轮间部分的油液被挤出，形成了齿轮泵的压油过程。齿轮啮合时齿向接触线把吸油腔和压油腔分开，起配油作用。当齿轮泵的主动齿轮由电动机带动不断旋转时,轮齿脱开啮合的一侧,由于密封容积变大则不断从油箱中吸油,轮齿进入啮合的一侧,由于密封容积减小则不断地排油,这就是齿轮泵的工作原理。泵的前后盖和泵体由两个定位销17定位,用6只螺钉9固紧。

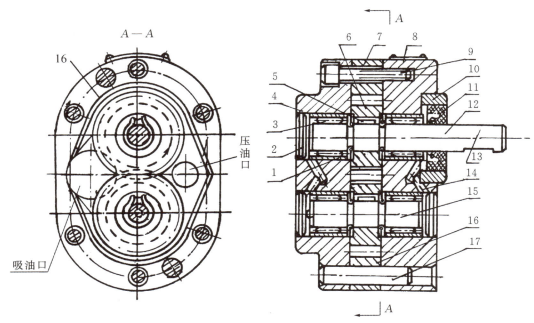

1—轴承外环;2—堵头;3—滚子;4—后泵盖;5—键;6—齿轮;7—泵体;8—前泵盖;9—螺钉;10—压环;11—密封环;12—主动轴;13—键;14—泄油孔;15—从动轴;16—泄油槽;17—定位销。

图 2-4 CB-B 齿轮泵的结构

为了保证齿轮能灵活地转动,同时又要保证泄漏最小,在齿轮端面和泵盖之间应有适当间隙(轴向间隙),小流量泵轴向间隙为 0.025~0.04 mm,大流量泵为 0.04~0.06 mm。齿顶和泵体内表面间的间隙(径向间隙),由于密封带长,同时齿顶线速度形成的剪切流动又和油液泄漏方向相反,故对泄漏的影响较小,这里要考虑的问题是:当齿轮受到不平衡的径向力后,应避免齿顶和泵体内壁相碰,所以径向间隙就可稍大,一般取 0.13~0.16 mm。

为了防止压力油从泵体和泵盖间泄漏到泵外,并减小压紧螺钉的拉力,在泵体两侧的端面上开有泄油槽16,使渗入泵体和泵盖间的压力油引入吸油腔。在泵盖和从动轴上的小孔,其作用是将泄漏到轴承端部的压力油也引到泵的吸油腔去,防止油液外溢,同时也润滑了滚针轴承。

齿轮泵的结构简单,易于制造,价格便宜,工作可靠,维护方便。但齿轮泵是靠一对一对轮齿的交替啮合来吸油和压油的,每一对轮齿啮合过程中的容积变化是不均匀的,这就形成较大的流量脉动,并产生振动和噪声;齿轮泵泄漏较多,由此造成的能量损失较大,即液压泵的容积效率(指泵的实际流量与理论流量的比值)较低;此外,齿轮、轴及轴承所受的径向力不平衡。由于齿轮泵存在上述缺点,因此<u>一般只能用于低压轻载系统</u>。

工程实际中也有用于高压的齿轮泵。与低压齿轮泵相比较,高压齿轮泵由于结构上采取一些特殊措施,提高了密封性,改善了受力情况,因而工作压力可以达到 20 MPa 以上。

2. 叶片泵

叶片泵按其工作方式的不同分为单作用式叶片泵和双作用式叶片泵两种。

1) 双作用式叶片泵

双作用式叶片泵的工作原理见图 2-5。双作用式叶片泵主要由定子 1、转子 2、叶片 3 和前后两侧装有端盖的泵体 4 等组成。叶片安放在转子槽内，并可沿槽滑动。转子和定子中心重合，定子内表面近似椭圆形，由两段长半径为 R 的圆弧、两段短半径为 r 的圆弧和四段过渡曲线组成。在端盖上，对应于四段过渡曲线位置开有四条沟槽，其中两条与泵的吸油槽沟通，另外两条与压油槽沟相通。当电动机带动转子按图示方向转动时，叶片在离心力作用下压向定子内表面，并随定子内表面曲线的变化而被迫在转子槽内往复滑动。转子旋转一周，每一叶片往复滑动两次，每相邻叶片间的密封容积就发生两次变化。容积增大产生吸油作用，容积减小产生压油作用。因为转子每转一周，这种吸、压油作用发生两次，故这种叶片泵称为双作用式叶片泵。双作用式叶片泵的流量不可调，是定量泵。

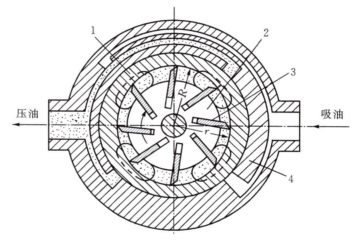

1—定子；2—转子；3—叶片；4—泵体。

图 2-5 双作用式叶片泵的工作原理

双作用式叶片泵的输油量均匀，压力脉动较小，容积效率较高。由于吸、压油口对称分布，转子承受的径向力平衡，所以这种泵可以提高输油压力。常用的双作用式叶片泵的额定压力是 6.3 MPa（其技术规格见有关液压手册）。与齿轮泵相比较，叶片泵的主要缺点是结构比较复杂，零件较难加工，叶片容易被油中的脏物卡死。

随着生产的发展，出现了高压叶片泵。高压叶片泵是在普通双作用式叶片泵结构的基础上采取一些特殊措施构成的，这些措施的主要作用是使泵在高压下仍具有较好的受力状况和密封性能。高压叶片的工作压力可达 16 MPa 以上。

2) 单作用式叶片泵

图 2-6 为单作用式叶片泵的工作原理图。与双作用式片泵显著不同之处在于：单作用式叶片泵的定子表面是一圆形，转子与定子间有一偏心量 e，端盖上只开有一条吸油槽和一条压油槽。当转子转一周时，每一叶片在转子槽内往复滑动一次，每相邻两叶片间的密封容积就发生一次增大和减小的变化，即转子每转一周，实现一次吸油和压油，所以这种泵称为单作用式叶片泵。

这种泵的偏心量 e 通常做成可调的。偏心量的改变会引起液压泵输油量的相应变化,偏心量增大,输油量也会随之增大。所以单作用式叶片泵是变量泵。

在组合机床液压系统中,常用到一种具有特殊性能的叶片泵,称为限压式变量叶片泵。这种泵当其工作压力增大到预先调定的数值以后,泵的流量便自动随压力的增大而显著地减小。

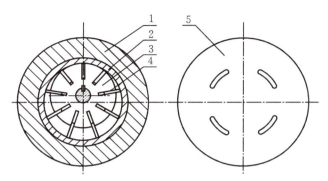

1—泵体;2—定子;3—转子;4—叶片;5—配油盘。
图 2-6 单作用式叶片泵的工作原理

图 2-7 为限压式变量叶片泵的工作原理图。转子 3 按图示方向旋转,柱塞 2 左端油腔与泵的压油口连通。若柱塞左端的液压推力小于限压弹簧 5 的作用力,则定子 4 保持不动;当泵的工作压力大到某一数值以后,柱塞左端的液压推力大于限压弹簧的作用力,定子便向右移动,偏心量 e 减小,泵的输油量便随之减小。图中螺钉 6 用来调节泵的限定工作压力,而螺钉 1 则用来调节泵的最大流量。

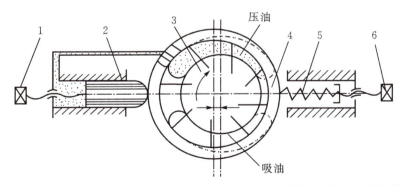

1—最大流量调节螺钉;2—柱塞;3—转子;4—定子;5—限压弹簧;6—限定压力调节螺钉。
图 2-7 限压式变量叶片泵的工作原理

限压式变量叶片泵的流量随压力变化的特性在生产中往往是需要的,当工作部件承受较小的负载而要求快速运动时,泵就相应地输出低压大流量的油液;当工作部件转换为承受较大的负载而要求慢速运动时,泵又能输出高压小流量的压力油。在机床液压系统中采用限压式变量叶片泵,可以简化油路,降低功率消耗,减少油液发热。但限压式变量叶片泵的结构复杂,价格较高。

3. 柱塞泵

柱塞泵按照柱塞排列方向的不同分为轴向柱塞泵和径向柱塞泵。

1）轴向柱塞泵

轴向柱塞泵是将多个柱塞配置在一个共同缸体的圆周上，并使柱塞中心线和缸体中心线平行的一种泵。轴向柱塞泵有两种形式，直轴式（斜盘式）和斜轴式（摆缸式），图 2-8 所示为直轴式轴向柱塞泵的工作原理，这种泵的主体由缸体 1、配油盘 2、柱塞 3 和斜盘 4 组成。柱塞沿圆周均匀分布在缸体内。斜盘轴线与缸体轴线倾斜一角度，柱塞靠机械装置或在低压油作用下压紧在斜盘上（图中为弹簧），配油盘 2 和斜盘 4 固定不转，当原动机通过传动轴使缸体转动时，由于斜盘的作用，迫使柱塞在缸体内作往复运动，并通过配油盘的配油窗口进行吸油和压油。如图 2-8 中所示回转方向，当缸体转角在 $\pi \sim 2\pi$ 范围内时，柱塞向外伸出，柱塞底部缸孔的密封工作容积增大，通过配油盘的吸油窗口吸油；在 $0 \sim \pi$ 范围内，柱塞被斜盘推入缸体，使缸孔容积减小，通过配油盘的压油窗口压油。缸体每转一周，每个柱塞各完成吸、压油一次，如改变斜盘倾角 γ，就能改变柱塞行程的长度，即改变液压泵的排量，改变斜盘倾角方向，就能改变吸油和压油的方向，即成为双向变量泵。

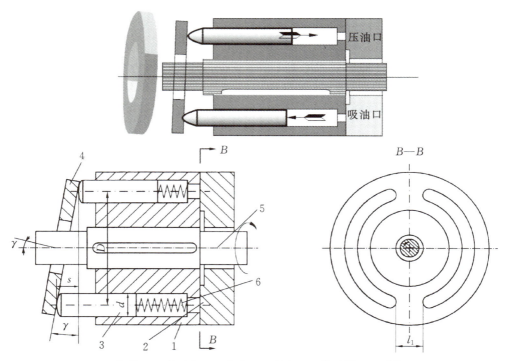

1—缸体；2—配油盘；3—柱塞；4—斜盘；5—传动轴；6—弹簧。

图 2-8 直轴式轴向柱塞泵的工作原理

配油盘上吸油窗口和压油窗口之间的密封区宽度 l_1 应稍大于柱塞缸体底部通油孔宽度 l。但不能相差太大，否则会发生困油现象。一般在两配油窗口的两端部开有小三角槽，以减小冲击和噪声。

斜轴式轴向柱塞泵的缸体轴线相对传动轴轴线成一倾角，传动轴端部用万向铰链、连杆与缸体中的每个柱塞相联结,当传动轴转动时,通过万向铰链、连杆使柱塞和缸体一起转动,并迫使柱塞在缸体中做往复运动,借助配油盘进行吸油和压油。这类泵的优点是变量范围大,泵的强度较高,但和上述直轴式相比,其结构较复杂,外形尺寸和重量均较大。

轴向柱塞泵的优点是结构紧凑,径向尺寸小,惯性小,容积效率高,目前最高压力可达 40 MPa,甚至更高,一般用于工程机械、压力机等高压系统中,但其轴向尺寸较大,轴向作用力也较大,结构比较复杂。

2)径向柱塞泵

径向柱塞泵的工作原理如图 2-9 所示,柱塞 1 径向排列装在缸体 2 中,缸体由原动机带动连同柱塞 1 一起旋转,所以缸体 2 一般称为转子,柱塞 1 在离心力的(或在低压油)作用下抵紧定子 4 的内壁,当转子按图示方向回转时,由于定子和转子之间有偏心距 e,柱塞绕经上半周时向外伸出,柱塞底部的容积逐渐增大,形成部分真空,因此便经过衬套 3(衬套 3 压紧在转子内,并和转子一起回转)上的油孔从配油轴 5 的吸油口 b 吸油;当柱塞转到下半周时,定子内壁将柱塞向里推,柱塞底部的容积逐渐减小,向配油轴的压油口 c 压油,当转子回转一周时,每个柱塞底部的密封容积完成一次吸压油,转子连续运转,即完成压吸油工作。配油轴固定不动,油液从

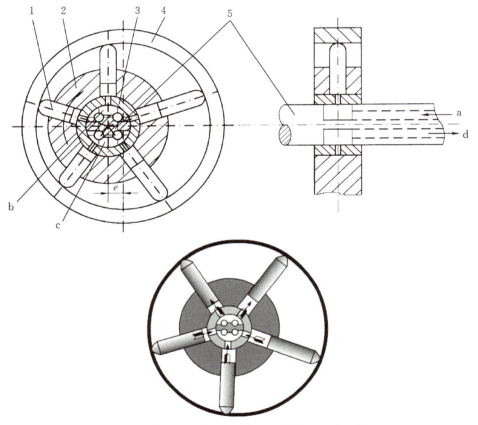

1—柱塞;2—缸体;3—衬套;4—定子;5—配油轴。
图 2-9 径向柱塞泵的工作原理

配油轴上半部的两个孔 a 流入,从下半部两个油孔 d 压出。为了进行配油,配油轴在和衬套 3 接触的一段加工出上下两个缺口,形成吸油口 b 和压油口 c,留下的部分形成封油区。封油区的宽度应能封住衬套上的吸压油孔,以防吸油口和压油口相连通,但尺寸也不能大得太多,以免产生困油现象。

径向柱塞泵的输油量大,压力高,流量调节和流量变换都很方便。但这种泵由于配流轴与转子间的间隙磨损后不能自动补偿,因而泄漏损失较大;柱塞头部与定子内表面为点接触,易磨损,因而限制了它的使用。目前,径向柱塞泵已逐渐被轴向柱塞泵所代替。

4. 螺杆泵

螺杆泵是一种容积式旋转型水力机械。它是利用相互啮合的螺杆与衬套间容积的变化为流体增加能量的。螺杆泵常用于输送润滑油、密封油及油气混输,以及对流量、压力的均匀性和工作平稳性有较高要求的精密机床液压系统。

螺杆泵实质上就是一种外啮合的螺线齿轮泵,泵内的螺杆可以为两根或多根。图 2-10 为三螺杆泵的结构图,三个相互啮合的双线螺杆装在壳体内,主动螺杆 3 为凸螺杆,两根从动螺杆 4 为凹螺杆。主动螺杆 3 为凸齿的右旋螺纹,从动螺杆 4 为凹齿的左旋螺纹,三个相互连接的圆柱孔配合,形成工作腔。在吸入室螺杆端部有三个碗状止推轴承,限制螺杆的轴向窜动。其中,主动螺杆的止推轴承固定在侧盖上,从动螺杆的止推轴承呈浮动状态。螺杆中心有通孔,将排出压力引向止推轴承内的卸载活塞左边,以平衡轴向力。

如图 2-10 所示,三根螺杆的外圆与壳体对应弧面保持着良好的配合,间隙很小。螺杆的啮合线将主动螺杆和从动螺杆的螺旋槽分割为多个相互隔离的密封工作腔。随着螺杆按箭头方向旋转,这些密封腔一个接一个地在左端形成,并不断地从左向右移动,到右端消失。主动螺杆每转一周,每个密封腔移动一个螺旋导程。密封工作腔在左端形成时,容积逐渐增大并吸油;在右端消失时,容积逐渐缩小而将油液压出。螺杆泵的螺杆直径越大,螺旋槽越深,导程越长,排量就越大;螺杆越长,吸油口和压油口之间的密封层次越多,密封就越好,泵的额定压力就越高。如图 2-10 所示,当螺杆泵按照箭头方向转动时,密封工作腔便由左向右移动,左端油口进油,右端油口排油。

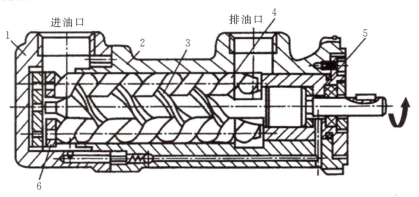

1—后盖;2—壳体(衬套);3—主动螺杆;4—从动螺杆;5—前盖;6—止推轴承。

图 2-10 三螺杆泵结构图

任务4　液压泵的降噪处理

噪声对人们的健康十分有害,随着工业生产的发展,工业噪声对人们的影响越来越严重,已引起人们的关注。目前液压技术向着高压、大流量和高功率的方向发展,产生的噪声也随之增加,而在液压系统中,液压泵的噪声占有很大的比重。因此,研究减小液压系统的噪声,特别是液压泵的噪声,已引起液压界广大工程技术人员、专家学者的重视。

液压泵的噪声大小和液压泵的种类、结构、大小、转速以及工作压力等很多因素有关。

1. 产生噪声的原因

(1) 泵的流量脉动和压力脉动,造成泵构件的振动。这种振动有时还可产生谐振。谐振频率可以是流量脉动频率的2倍、3倍或更大。泵的基本频率及其谐振频率若和机械的或液压的自然频率相一致,则噪声便大大增加。研究结果表明,转速增加对噪声的影响一般比压力增加还要大。

(2) 泵的工作腔从吸油腔突然和压油腔相通,或从压油腔突然和吸油腔相通时,产生的油液流量和压力突变,对噪声的影响很大。

(3) 空穴现象。当泵吸油腔中的压力小于油液所在温度下的空气分离压时,溶解在油液中的空气要析出而变成气泡,这种带有气泡的油液进入高压腔时,气泡被击破,形成局部的高频压力冲击,从而引起噪声。

(4) 泵内流道的截面突然扩大和收缩、急拐弯,通道截面过小而导致液体紊流、漩涡及喷流,使噪声加大。

(5) 由于机械原因,如转动部分不平衡、轴承不良、泵轴的弯曲等机械振动引起的机械噪声。

2. 降低噪声的措施

(1) 消除液压泵内部油液压力的急剧变化。
(2) 为吸收液压泵流量及压力脉动,可在液压泵的出口装置消音器。
(3) 装在油箱上的泵应使用橡胶垫减振。
(4) 压油管的一段用橡胶软管,对泵和管路的连接进行隔振。
(5) 防止泵产生空穴现象,可采用直径较大的吸油管,减小管道局部阻力;采用大容量的吸油滤油器,防止油液中混入空气;合理设计液压泵,提高零件刚度。

任务5　液压泵的选用

液压泵是为液压系统提供一定流量和压力油液的动力元件,它是每个液压系统不可缺少的核心元件,合理选择液压泵对于降低液压系统的能耗、提高系统的效率、降低噪声、改善工作性能和保证系统的可靠工作都十分重要。

选择液压泵的原则是:根据主机工况、功率大小和系统对工作性能的要求,首先确定液压泵的类型,然后按系统所要求的压力、流量大小确定其规格型号。

表2-1列出了液压系统中常用液压泵的主要性能。

表 2-1　液压系统中常用液压泵的性能比较

性能	外啮合齿轮泵	双作用式叶片泵	限压式变量叶片泵	径向柱塞泵	轴向柱塞泵	螺杆泵
输出压力	低压	中压	中压	高压	高压	低压
流量调节	不能	不能	能	能	能	不能
效率	低	较高	较高	高	高	较高
输出流量脉动	很大	很小	一般	一般	一般	最小
自吸特性	好	较差	较差	差	差	好
对油的污染敏感性	不敏感	较敏感	较敏感	很敏感	很敏感	不敏感
噪声	大	小	较大	大	大	最小

一般来说，由于各类液压泵各自突出的特点，其结构、功用和动转方式各不相同，因此应根据不同的使用场合选择合适的液压泵。一般在机床液压系统中，往往选用双作用式叶片泵和限压式变量叶片泵；而在筑路机械、港口机械以及小型工程机械中往往选择抗污染能力较强的齿轮泵；在负载大、功率大的场合往往选择柱塞泵。

任务 6　液压泵常见故障及排除

1. 齿轮泵常见故障及排除方法

齿轮泵常见故障及排除方法见表 2-2。

表 2-2　齿轮泵常见故障及排除方法

故障现象	产生原因	排除方法
噪声大	1. 吸油管接头、泵体与泵盖的接合面、堵头和泵轴密封圈等处密封不良，有空气被吸入； 2. 泵盖螺钉松动； 3. 泵与联轴器不同心或松动； 4. 齿轮齿形精度太低或接触不良； 5. 齿轮轴向间隙过小； 6. 齿轮内孔与端面垂直度或泵盖上两孔平行度超差； 7. 泵盖修磨后，两卸荷槽距离增大，产生困油； 8. 滚针轴承等零件损坏； 9. 装配不良，如主轴转一周有时轻时重现象	1. 用涂脂法查出泄漏处。用密封胶涂敷管接头并拧紧；修磨泵体与泵盖结合面，保证平面度不超过 0.005 mm；用环氧树脂黏结剂涂敷堵头配合面再压紧；更换密封圈； 2. 适当拧紧； 3. 重新安装，使其同心，紧固连接件； 4. 更换齿轮或研磨修整； 5. 配磨齿轮、泵体和泵盖； 6. 检查并修复有关零件； 7. 修整卸荷槽，保证两槽距离； 8. 拆检，更换损坏件； 9. 拆检，重装调整

续表 2-2

故障现象	产生原因	排除方法
流量不足或压力不能升高	1. 齿轮端面与泵盖接合面严重拉伤,使轴向间隙过大; 2. 径向不平衡力使齿轮轴变形碰擦泵体,增大径向间隙; 3. 泵盖螺钉过松; 4. 中、高压泵弓形密封圈破坏,侧板磨损严重	1. 修磨齿轮及泵盖端面,并清除齿形上毛刺; 2. 校正或更换齿轮轴; 3. 适当拧紧; 4. 更换零件
过热	1. 轴向间隙与径向间隙过小; 2. 侧板和轴套与齿轮端面严重摩擦	1. 检测泵体、齿轮,重配间隙; 2. 修理或更换侧板和轴套

2. 叶片泵常见故障及排除方法

1) 泵噪声过大

当叶片泵在使用过程中出现较大噪声时,需及时排除。叶片泵噪声过大的常见故障及排除方法见表 2-3。

表 2-3 叶片泵噪声过大的常见故障及排除方法

序号	故障	排除方法
1	吸油口或过滤器部分堵塞	除去污物,保持吸油管路畅通
2	吸油口连接处密封不严,空气进入	加强密封,紧固连接件
3	吸油口太高,油箱液位低	降低吸油口高度,向油箱加油
4	泵和联轴器不同轴心或松动	重新安装,使其同轴心,紧固连接件
5	连接螺钉松动	适当拧紧
6	液压油黏度太大,吸油口过滤器的通流能力小	更换黏度适当的液压油,更换通流能力较大的过滤器
7	定子内表面拉毛	抛光定子内表面
8	定子吸油区内表面磨损	将定子翻转装入
9	个别叶片运动不灵活或装反	逐个检查、重装,对不灵活叶片重新装配

2) 泵输出流量不足甚至完全不排油

泵输出流量不足甚至完全不排油,使用者能很容易判断出现故障需要修理。此类情况泵故障及排除方法见表 2-4。

3) 泵油温过高

泵油温过高会使液压系统工作在危险状态,需予以避免。此类情况可能存在的故障及排除方法见表 2-5。

表 2-4　泵输出流量不足甚至完全不排油的常见故障及排除方法

序号	故障	排除方法
1	电动机转向不对	纠正转向
2	油箱液面过低	补油至油标线
3	吸油管路或过滤器堵塞	疏通吸油管路,清洗过滤器
4	电动机转速过低	使转速达到液压泵的最低转速以上
5	油黏度过大	检查油质,更换黏度适合的液压油或提高油温
6	配油盘端面磨损	修磨端面或更换配油盘
7	叶片与定子内表面接触不良	修磨接触面或更换叶片
8	叶片在叶片槽内卡死或移动不灵活	逐个检查,对移动不灵活的叶片重新配置
9	连接螺钉松动	适当拧紧

表 2-5　泵油温过高的常见故障及排除方法

序号	故障	排除方法
1	压力过高,转速太快	调整压力阀,降低转速
2	油黏度过大	选用黏度适宜的油液
3	油箱散热条件差	加大油箱容积或增加冷却装置
4	配油盘与转子严重摩擦	修理或更换配油盘或转子
5	叶片与定子内表面磨损严重	修磨或更换叶片、定子,采取措施,减小磨损

3. 柱塞泵常见故障及排除方法

柱塞泵常见故障及排除方法见表 2-6。

表 2-6　柱塞泵常见故障及排除方法

故障现象	产生原因	排除方法
噪声大或压力波动大	1. 柱塞因油脏或污物卡住运动不灵活; 2. 变量机构偏角太小,流量过小,内泄漏增大; 3. 柱塞头部与滑履配合松动; 4. 油箱的油面过低,泵吸入了空气	1. 清洗或拆下配研、更换; 2. 加大变量机构偏角,消除内泄漏; 3. 可适当铆紧; 4. 按规定加足油液
容积效率低或压力提升不高	1. 泵轴中心弹簧折断,使柱塞回程不够或不能回程,缸体与配流盘间密封不良; 2. 配油盘与缸体间接合面不平或有污物卡住以及拉毛; 3. 柱塞与缸体孔间磨损或拉伤; 4. 变量机构失灵; 5. 液压油的黏度过大,使得泵的自吸能力降低; 6. 系统泄漏及其他元件故障	1. 更换中心弹簧; 2. 清洗或研磨、抛光配油盘与缸体结合面; 3. 研磨或更换有关零件,保证其配合间隙; 4. 检查变量机构,纠正其调整误差; 5. 选用适当黏度的液压油,如果油温过低,应开启加热器; 6. 逐个检查,逐一排除

4. 螺杆泵常见故障及排除方法

螺杆泵常见故障及排除方法见表 2-7。

表 2-7 螺杆泵常见故障及排除方法

故障现象	产生原因	排除方法
泵体剧烈振动或产生噪音	泵安装不牢或安装过高;电机滚珠轴承损坏;泵主轴弯曲或与电机主轴不同心、不平行等	装稳泵或降低泵的安装高度;更换电机滚珠轴承;矫正弯曲的泵主轴或调整好泵与电机的相对位置
传动轴或电机轴承过热	缺少润滑油或轴承破裂等	加注润滑油或更换轴承
流量达不到	管路泄漏;阀门未全部打开或局部堵塞;转速太低;转子、定子磨损	检查修理管路;打开全部阀门、排除堵塞物;调整转速;更换损坏零件
压力达不到	转子、定子磨损	更换损坏零件
泵不能启动	新泵转子、定子配合过紧;电压太低;介质黏度过高	用工具人力帮助转动几圈;检查、调整;选择合适黏度的介质
泵不出液	旋转方向不对;吸入管路有问题;介质黏度过高;转子、定子损坏或传动部件损坏	调整方向;检查泄漏,打开进出口阀门;稀释介质;检查更换转子、定子或传动部件;排除异物

螺杆泵在日常运行过程中,要做好经常性的维护工作,其主要内容如下:
(1)定期调节填料压紧装置;
(2)更换磨损部件;
(3)定期紧固螺钉,研磨铜套,刮缸套内壁;
(4)按规定对特定部位进行润滑;
(5)严密注意操作状况;
(6)按时做好运行记录。

创新意识——液压技术的"护城河"

2020年的夏天格外炎热,位于常州的江苏恒立液压车间内机器轰鸣,一根根乌黑发亮、外观像"打气筒"的液压缸正被生产出来,它们将从这里走向全球,将被应用在工程机械、海事船舶、港口机械、能源科技等重大前沿领域。

2020年1月至6月,在全球新冠疫情肆虐下,恒立液压的营业收入却同比增长80%左右,外销增长20%以上。"数据是最好的说明,企业持续盈利能力依旧强韧。"恒立液压董事长汪立平感慨道。面对全球疫情常态化、世界经济下行等多重压力,恒立在这半年的"逆势向好"来之不易。

技术创新是企业的"护城河"。习近平总书记2018年在湖北考察时曾指出,具有自主知识产权的核心技术,是企业的"命门"所在。企业必须在核心技术上不断实现突破,掌握更多具有自主知识产权的关键技术,掌控产业发展主导权。技术创新也是恒立不断赢得国内、国外两方面市场的"核心逻辑"。这半年来,恒立创新开发电动缸系列产品、高空作业车用摆动液压缸、风电项目用活塞蓄能器等系列产品,特别加大了对70 t以上大型挖掘机用整体式液压多路阀、高压柱塞泵产品的研发力度。不断"上线"的新技术、新产品,才是让恒立在全球工业市场中异军突起的动力源。

习题 2

一、填空题

1. 液压泵实际工作时的输出压力称为(　　　　),其大小取决于外负载的大小和排油管路上的压力损失,而与液压泵的流量无关。液压泵在正常工作条件下,按试验标准规定连续运转的最高压力称为液压泵的(　　　　)。在超过额定压力的条件下,根据试验标准规定,允许液压泵短暂运行的最高压力值,称为液压泵的(　　　　)。

2. 液压泵每转一周,由其密封容积几何尺寸变化计算而得的排出液体的体积叫液压泵的(　　　　),用(　　　　)表示。

3. 液压泵的实际流量比理论流量(　　　　)(选填"大"或"小")。

4. 液压泵的功率损失有(　　　　)和(　　　　)两部分。

5. 液压泵按照结构分类主要可分为(　　　　)、(　　　　)和(　　　　)。

6. 叶片泵按其工作方式的不同分为(　　　　)和(　　　　)两种。

二、选择题

1. 设计合理的液压泵的压油管应该比吸油管_____。
   A. 长些　　B. 粗些　　C. 细些　　D. 短些

2. 低压系统宜采用_____。
   A. 齿轮泵　　B. 叶片泵　　C. 柱塞泵

3. 液压泵能实现吸油和压油,是由于泵的_____变化。
   A. 动能　　B. 压力能　　C. 密封容积　　D. 流动方向

4. 双作用式叶片泵是_____,单作用式叶片泵是_____。
   A. 变量泵　　B. 定量泵

三、简答题

1. 简述液压泵正常工作必须具备的条件。
2. 液压泵的工作压力、额定压力、最高压力各由什么决定?它们之间有什么关系?
3. 什么是泵的排量、理论流量和实际流量?
4. 液压泵主要有哪几种?试简单描述它们的工作原理。
5. 简述液压泵产生噪声的原因,并说明降低噪声的措施。
6. 在实际工程应用中,如何选择液压泵?

四、计算与分析题

1. 叶片泵转速 $n=1500$ r/min,输出压力 6.3 MPa 时输出流量为 53 L/min,测得泵轴消耗功率为 7 kW,泵空载时输出流量为 56 L/min。求该泵的容积效率和总效率。

2. 某液压泵输出油压 $p=10$ MPa,转速 $n=1450$ r/min,泵的排量 $V_p=46.2$ mL/r,容积效率为 0.95,总效率为 0.9。求驱动该泵所需电动机的功率 P_1 和泵的输出功率 P_2。

3. 一液压泵的机械效率为 0.92,泵的转速 $n=950$ r/min 时的理论流量为 160 L/min。若泵的工作压力为 2.95 MPa,实际流量为 152 L/min,试求:

(1) 液压泵的总效率;

(2) 泵在上述工况所需的电动机功率;

(3) 驱动液压泵所需的转矩。

项目 3 液压执行元件的工作原理及应用

　　液压执行元件是将液压能转化为机械能的工作装置。液压执行元件包括液压缸和液压马达。其中液压缸的作用是将液压能转换成往复运动或摆动的机械能，从而驱动工作机构完成工作任务；液压马达则是通过将液压能转换为转动的机械能来驱动工作机完成工作任务。由于这两种执行元件都有很大的驱动力，可以直接驱动工作机工作，不需其他传动装置，因此具有结构简单、轻巧紧凑、传动平稳、反应迅速等许多优点，在液压传动中得到广泛的应用。

项目 3

知识目标

1. 了解液压缸与液压马达的工作原理;
2. 了解液压缸与液压马达的典型结构及应用;
3. 理解液压缸和液压马达的结构参数和图形符号的含义;
4. 掌握不同类型液压缸的结构特点、参数计算;
5. 掌握不同类型液压马达的结构特点、参数计算;
6. 掌握液压缸与液压马达常见故障的排除方法。

技能目标

1. 能正确识读液压缸、液压马达的职能符号;
2. 能正确完成液压缸的参数计算;
3. 能正确完成液压马达的参数计算;
4. 能正确选用液压缸的类型;
5. 能正确拆装液压缸和液压马达;
6. 能排除液压缸和液压马达的常见典型故障。

素质目标

1. 树立标准意识;
2. 养成独立思考与分析问题的能力;
3. 养成执着专注、精益求精的工匠精神;
4. 养成脚踏实地、团结协作的工作作风。

任务 1　液压缸的工作原理及应用

液压缸又称为油缸,它是液压系统中的一种执行元件,其功能就是将液压能转变成往复直线运动或摆动运动的机械能。

3.1.1　液压缸的类型和特点

液压缸有三种类型,即活塞式液压缸(它有单杆和双杆两种型式,简称活塞缸)、柱塞式液压缸(简称柱塞缸)和摆动式液压缸(简称摆动缸)。活塞缸和柱塞缸实现往复直线运动,输出速度和推力;摆动缸实现往复转动或摆动,输出角速度(转速)和转矩。

下面分别介绍几种常用的液压缸。

1. 活塞式液压缸

活塞式液压缸根据其使用要求不同可分为双杆式和单杆式两种。单杆式还有一特殊情况,称为"差动连接"。

1) 双杆式活塞缸

活塞两端都有一根直径相等的活塞杆伸出的液压缸称为双杆式活塞缸,它一般由缸体、缸盖、活塞、活塞杆和密封件等零件构成。根据安装方式不同可分为缸筒固定式和活塞杆固定式两种,如图 3-1 所示。

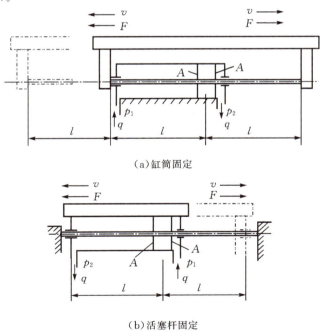

(a) 缸筒固定

(b) 活塞杆固定

图 3-1　双杆式活塞缸

图 3-1(a)所示的为缸筒固定式的双杆活塞缸。它的进、出口布置在缸筒两端,活塞通过活塞杆带动工作台移动,当活塞的有效行程为 l 时,整个工作台的运动范围为 $3l$,所以机床占地面

积大,一般适用于小型机床。当工作台行程要求较长时,可采用图 3-1(b)所示的活塞杆固定的形式,这时,缸体与工作台相连,活塞杆通过支架固定在机床上,动力由缸体传出。这种安装形式中,工作台的移动范围只等于液压缸有效行程 l 的两倍($2l$),因此占地面积小。进出油口可以设置在固定不动的空心的活塞杆的两端,但必须使用软管连接。

由于双杆式活塞缸两端的活塞杆直径通常是相等的,因此它左、右两腔的有效面积也相等,当分别向左、右腔输入相同压力和相同流量的油液时,液压缸左、右两个方向的推力和速度相等。当活塞式的直径为 D,活塞杆的直径为 d,液压缸进、出油腔的压力分别为 p_1 和 p_2,输入流量为 q 时,双杆式活塞缸的推力 F 和速度 v 分别为

$$F = p_1 A - p_2 A = (p_1 - p_2)A = \frac{\pi(p_1 - p_2)(D^2 - d^2)}{4} \quad (3-1)$$

$$v = \frac{q}{A} = \frac{4q}{\pi(D^2 - d^2)} \quad (3-2)$$

式中:A——活塞的有效工作面积。

双杆式活塞缸在工作时,设计成一个活塞杆是受拉的,而另一个活塞杆不受力,因此这种液压缸的活塞杆可以做得细些。

2) 单杆式活塞缸

单杆式活塞缸如图 3-2 所示,即活塞只有一端带活塞杆,它也分为缸体固定和活塞杆固定两种形式,但它们的工作台移动范围都是活塞有效行程的两倍。

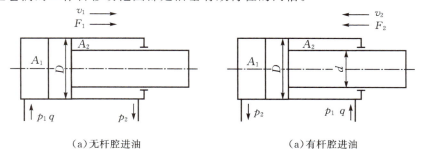

(a) 无杆腔进油　　　　　　(a) 有杆腔进油

图 3-2　单杆式活塞缸

由于液压缸两腔的有效工作面积不等,因此它在两个方向上的输出推力和速度也不等,其值分别为

$$F_1 = p_1 A_1 - p_2 A_2 = \frac{\pi}{4} p_1 D^2 - \frac{\pi}{4} p_2 (D^2 - d^2) = \frac{\pi}{4}(p_1 - p_2)D^2 + \frac{\pi}{4} p_2 d^2 \quad (3-3)$$

$$F_2 = p_1 A_2 - p_2 A_1 = \frac{\pi}{4} p_1 (D^2 - d^2) - \frac{\pi}{4} D^2 p_2 = \frac{\pi}{4}(p_1 - p_2)D^2 - \frac{\pi}{4} p_1 d^2 \quad (3-4)$$

$$v_1 = \frac{q}{A_1} = \frac{4q}{\pi D^2} \quad (3-5)$$

$$v_2 = \frac{q}{A_2} = \frac{4q}{\pi(D^2 - d^2)} \quad (3-6)$$

由式(3-3)—式(3-6)可知,因为 $A_1 > A_2$,所以 $F_1 > F_2$,$v_1 < v_2$。

如把两个方向上的输出速度 v_2 和 v_1 的比值称为速度比,记做 λ_v,则

$$\lambda_v = \frac{v_2}{v_1} = \frac{1}{1-(d/D)^2}$$

因此,
$$d = D\sqrt{(\lambda_v - 1)/\lambda_v}$$

在已知 D 和 λ_v 时,可确定 d 值。

3) 差动式活塞缸

单杆式活塞缸在其左右两腔都接通高压油时称为"差动连接",如图 3-3 所示。差动连接时缸左右两腔的油液压力相同,但是由于左腔(无杆腔)的有效面积大于右腔(有杆腔)的有效面积,故活塞向右运动,同时使右腔中排出的油液(流量为 q')也进入左腔,加大了流入左腔的流量($q+q'$),从而也加快了活塞移动的速度。实际上活塞在运动时,由于差动连接时两腔间的管路中有压力损失,所以右腔中油液的压力稍大于左腔油液压力,而这个差值一般都较小,可以忽略不计,则差动连接时活塞推力 F_3 和运动速度 v_3 分别为

$$F_3 = p_1(A_1 - A_2) = \frac{p_1 \pi d^2}{4} \quad (3-7)$$

进入无杆腔的流量为

$$q_1 = v_3 \frac{\pi D^2}{4} = q + v_3 \frac{\pi(D^2 - d^2)}{4}$$

$$v_3 = \frac{4q}{\pi d^2} \quad (3-8)$$

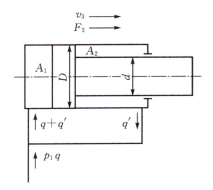

图 3-3 差动式活塞缸

由式(3-7)、式(3-8)可知,差动连接时液压缸的推力比非差动连接时小,速度比非差动连接时大,因此正好利用这一点,可使在不加大油源流量的情况下得到较快的运动速度,这种连接方式被广泛应用于组合机床的液压动力系统和其他机械设备的快速运动中。如果要求机床往返速度相等,则由式(3-5)和式(3-6)得

$$\frac{4q}{\pi(D^2 - d^2)} = \frac{4q}{\pi d^2}$$

即
$$D = \sqrt{2}d \quad (3-9)$$

2. 柱塞式液压缸

图 3-4(a)所示为柱塞缸,它只能实现一个方向的液压传动,反向运动要靠外力。若需要实现双向运动,则必须成对使用。如图 3-4(b)所示,这种液压缸中的柱塞和缸筒不接触,运动时由缸盖上的导向套来导向,因此缸筒的内壁不需精加工,特别适用于行程较长的场合。

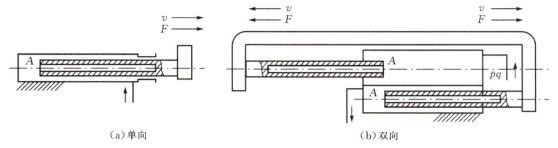

(a)单向　　　　　　　　　(b)双向

图 3-4　柱塞缸

柱塞缸输出的推力和速度为

$$F = pA = \frac{\pi p d^2}{4} \tag{3-10}$$

$$v = \frac{q}{A} = \frac{4q}{\pi d^2} \tag{3-11}$$

3. 其他液压缸

1) 增压液压缸

增压液压缸又称增压器,它利用活塞和柱塞有效面积的不同使液压系统中的局部区域获得高压。它有单作用和双作用两种型式,单作用增压缸的工作原理如图 3-5(a)所示,当输入活塞缸的液体流量为 q_1,压力为 p_1,活塞直径为 D,柱塞直径为 d 时,柱塞缸中输出的液体流量为 q_2,压力为高压 p_2,其值为

$$p_2 = p_1 \left(\frac{D}{d}\right)^2 = K p_1 \tag{3-12}$$

式中:K——增压比,代表增压程度,$K = D^2/d^2$。

显然增压能力是在降低有效能量的基础上得到的,也就是说增压缸仅仅是增大输出的压力,并不能增大输出的能量。

单作用增压缸在柱塞运动到终点时,不能再输出高压液体,需要将活塞退回到左端位置,再

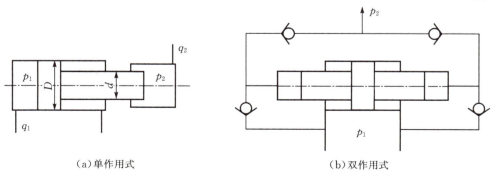

(a)单作用式　　　　　　　　　(b)双作用式

图 3-5　增压缸

向右行时才又输出高压液体。为了克服这一缺点,可采用双作用增压缸,如图3-5(b)所示,由两个高压端连续向系统供油。

2) 伸缩缸

伸缩缸由两个或多个活塞缸套装而成,前一级活塞缸的活塞杆内孔是后一级活塞缸的缸筒,伸出时可获得很长的工作行程,缩回时可保持很小的结构尺寸。伸缩缸被广泛用于起重运输车辆上。

伸缩缸可以是如图3-6(a)所示的单作用式,也可以是如图3-6(b)所示的双作用式,前者靠外力回程,后者靠液压回程。

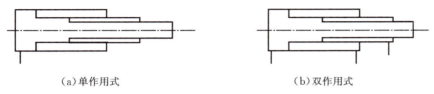

(a) 单作用式　　　　　　　　(b) 双作用式

图3-6　伸缩缸

伸缩缸的外伸动作是逐级进行的。首先是最大直径的缸筒以最低的油液压力开始外伸,当到达行程终点后,稍小直径的缸筒开始外伸,直径最小的末级最后伸出。随着工作级数变大,外伸缸筒直径越来越小,工作油液压力随之升高,工作速度变快。

3) 齿轮缸

它由两个柱塞缸和一套齿条传动装置组成,如图3-7所示。柱塞的移动经齿轮齿条传动装置变成齿轮的传动,用于实现工作部件的往复摆动或间歇进给运动。

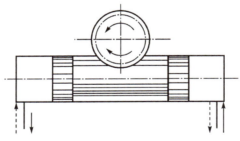

图3-7　齿轮缸

3.1.2　液压缸的典型结构和组成

1. 液压缸的典型结构举例

图3-8所示是一个较常用的双作用单活塞杆液压缸。它由缸底20、缸筒10、缸盖兼导向套9、活塞11和活塞杆18等组成。缸筒一端与缸底焊接,另一端缸盖(导向套)与缸筒用卡键6、套5和弹簧挡圈4固定,以便拆装检修,两端设有油口A和B。活塞11与活塞杆18利用卡键15、卡键帽16和弹簧挡圈17连在一起。活塞与缸孔的密封采用的是一对Y形聚氨酯密封圈12,由于活塞与缸孔有一定间隙,采用由尼龙1010制成的耐磨环(又叫支承环)13定心导向。活塞杆18和活塞11的内孔由O形密封圈14密封。较长的导向套9则可保证活塞杆不偏离中心,导向套外径由O形密封圈7密封,而其内孔则由Y形密封圈8和防尘圈3分别防止油外漏

和灰尘带入缸内。缸与杆端销孔与外界连接,销孔内有尼龙衬套抗磨。

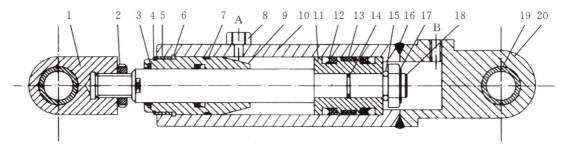

1—耳环;2—螺母;3—防尘圈;4,17—弹簧挡圈;5—套;6,15—卡键;
7,14—O形密封圈;8,12—Y形密封圈;9—缸盖兼导向套;10—缸筒;
11—活塞;13—耐磨环;16—卡键帽;18—活塞杆;19—衬套;20—缸底。
图3-8 双作用单活塞杆液压缸

图3-9所示为一空心双活塞杆式液压缸的结构。由图可见,液压缸的左右两腔是通过油口b和d经活塞杆1和15的中心孔与左右径向孔a和c相通的。由于活塞杆固定在床身上,缸体10固定在工作台上,工作台在径向孔c接通压力油,径向孔a接通回油时向右移动;反之则向左移动。在这里,缸盖18和24是通过螺钉(图中未画出)与压板11和20相连,并经钢丝环12相连,左缸盖24空套在托架3孔内,可以自由伸缩。空心活塞杆的一端用堵头2堵死,并通过锥销9和22与活塞8相连。缸筒相对于活塞运动由左右两个导向套6和19导向。活塞与缸筒之间、缸盖与活塞杆之间以及缸盖与缸筒之间分别用O形密封圈7、V形密封圈4和17、纸垫13和23进行密封,以防止油液的内、外泄漏。缸筒在接近行程的左右终端时,径向孔a和c的开口逐渐减小,对移动部件起制动缓冲作用。为了排除液压缸中剩留的空气,缸盖上设置有排气孔5和14,经导向套环槽的侧面孔道(图中未画出)引出与排气阀相连。

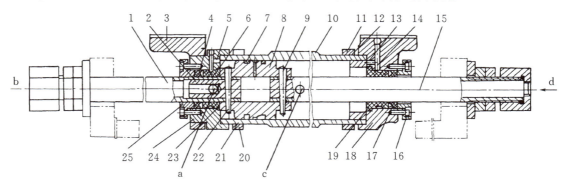

1,15—活塞杆;2—堵头;3—托架;4,17—V形密封圈;5,14—排气孔;6,19—导向套;
7—O形密封圈;8—活塞;9,22—锥销;10—缸体;11,20—压板;12,21—钢丝环;
13,23—纸垫;16,25—压盖;18,24—缸盖。
图3-9 空心双活塞杆式液压缸的结构

2. 液压缸的组成

从上面所述的液压缸典型结构中可以看到,液压缸的结构基本上可以分为缸筒和缸盖、活塞和活塞杆、密封装置、缓冲装置和排气装置五个部分。

1）缸筒和缸盖

一般来说，缸筒和缸盖的结构形式和其使用的材料有关。工作压力 $p<10$ MPa 时，使用铸铁；$p<20$ MPa 时，使用无缝钢管；$p>20$ MPa 时，使用铸钢或锻钢。图 3-10 所示为缸筒和缸盖的常见结构形式。图 3-10(a)所示为法兰连接式，其结构简单，容易加工，也容易装拆，但外形尺寸和重量都较大，常用于铸铁制的缸筒上。图 3-10(b)所示为半环连接式，其缸筒壁部因开了环形槽而削弱了强度，为此有时要加厚缸壁。该结构容易加工和装拆，重量较轻，常用于无缝钢管或锻钢制的缸筒上。图 3-10(c)所示为螺纹连接式，其缸筒端部结构复杂，外径加工时要求保证内外径同心，装拆要使用专用工具。该结构的外形尺寸和重量都较小，常用于无缝钢管或铸钢制的缸筒上。图 3-10(d)所示为拉杆连接式，其结构的通用性大，容易加工和装拆，但外形尺寸较大，且较重。图 3-10(e)所示为焊接连接式，其结构简单，尺寸小，但缸底处内径不易加工，且可能引起变形。

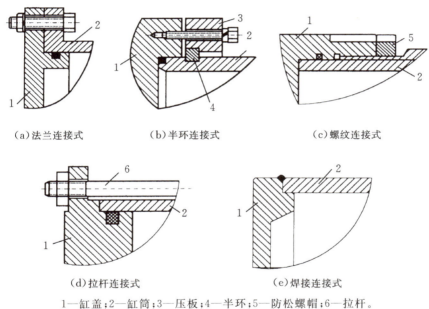

(a)法兰连接式　　(b)半环连接式　　(c)螺纹连接式

(d)拉杆连接式　　(e)焊接连接式

1—缸盖；2—缸筒；3—压板；4—半环；5—防松螺帽；6—拉杆。

图 3-10　缸筒和缸盖常见结构形式

2）活塞与活塞杆

可以把短行程液压缸的活塞杆与活塞做成一体，这是最简单的形式。但当行程较长时，这种整体式活塞组件的加工较费事，所以常把活塞与活塞杆分开制造，然后再连接成一体。图 3-11 所示为几种常见的活塞与活塞杆的连接形式。

图 3-11(a)所示为活塞与活塞杆之间采用螺母连接，它适用负载较小，受力无冲击的液压缸中。螺纹连接虽然结构简单，安装方便可靠，但在活塞杆上车螺纹将削弱其强度。图 3-11(b)和(c)所示为卡环式连接方式。图 3-11(b)中活塞杆 5 上开有一个环形槽，槽内装有两个半圆环 3 以夹紧活塞 4，半环 3 由轴套 2 套住，而轴套 2 的轴向位置用弹簧卡圈 1 来固定。图 3-11(c)中的活塞杆，使用了两个半圆环 4，它们分别由两个密封圈座 2 套住，半圆形的活塞 3 安

放在密封圈座的中间。图3-11(d)所示是一种径向销式连接结构,用锥销1把活塞2固连在活塞杆3上。这种连接方式特别适用于双出杆式活塞。

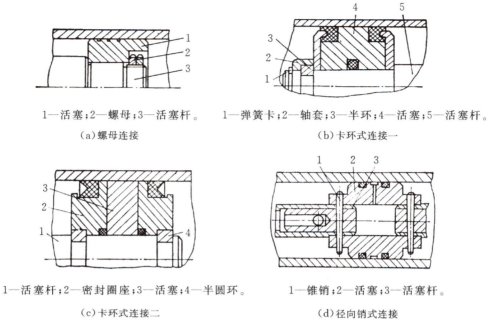

1—活塞;2—螺母;3—活塞杆。

(a)螺母连接

1—弹簧卡;2—轴套;3—半环;4—活塞;5—活塞杆。

(b)卡环式连接一

1—活塞杆;2—密封圈座;3—活塞;4—半圆环。

(c)卡环式连接二

1—锥销;2—活塞;3—活塞杆。

(d)径向销式连接

图3-11 常见的活塞与活塞杆的连接形式

3)密封装置

液压缸中常见的密封装置如图3-12所示。图3-12(a)所示为间隙密封,它依靠运动件的微小间隙来防止泄漏。为了提高这种装置的密封能力,常在活塞的表面上制出几条细小的环形槽,以增大油液通过间隙时的阻力。它的结构简单,摩擦阻力小,可耐高温,但泄漏大,加工要求高,磨损后无法恢复原有能力,只有在尺寸较小、压力较低、相对运动速度较高的缸筒和活塞间

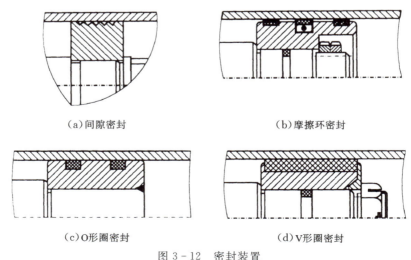

(a)间隙密封

(b)摩擦环密封

(c)O形圈密封

(d)V形圈密封

图3-12 密封装置

使用。图 3-12(b)所示为摩擦环密封,它依靠套在活塞上的摩擦环(尼龙或其他高分子材料制成)在 O 形密封圈弹力作用下贴紧缸壁而防止泄漏。这种材料效果较好,摩擦阻力较小且稳定,可耐高温,磨损后有自动补偿能力,但加工要求高,装拆较不便,适用于缸筒和活塞之间的密封。图 3-12(c)、图 3-12(d)所示为密封圈(O 形圈、V 形圈等)密封,它们利用橡胶或塑料的弹性使各种截面的环形圈贴紧在静、动配合面之间来防止泄漏。密封圈密封的结构简单,制造方便,磨损后有自动补偿能力,性能可靠,在缸筒和活塞之间、缸盖和活塞杆之间、活塞和活塞杆之间、缸筒和缸盖之间都能使用。

对于活塞杆外伸部分来说,由于它很容易把脏物带入液压缸,使油液受污染,使密封件磨损,因此常需在活塞杆密封处增添防尘圈,并放在向着活塞杆外伸的一端。

4)缓冲装置

液压缸一般都设置缓冲装置,特别是对大型、高速或要求高的液压缸,为了防止活塞在行程终点时和缸盖相互撞击,引起噪声、冲击,则必须设置缓冲装置。

缓冲装置的工作原理是利用活塞或缸筒在其走向行程终端时封住活塞和缸盖之间的部分油液,强迫它从小孔或细缝中挤出,以产生很大的阻力,使工作部件受到制动,逐渐减慢运动速度,达到避免活塞和缸盖相互撞击的目的。

如图 3-13(a)所示,当缓冲柱塞进入与其相配的缸盖上的内孔时,孔中的液压油只能通过间隙δ排出,使活塞速度降低。由于配合间隙不变,故随着活塞运动速度的降低,起缓冲作用。当缓冲柱塞进入配合孔之后,油腔中的油只能经节流阀 1 排出,如图 3-13(b)所示。由于节流阀 1 是可调的,因此缓冲作用也可调节,但仍不能解决速度减低后缓冲作用减弱的缺点。如图 3-13(c)所示,在缓冲柱塞上开有三角槽,随着柱塞逐渐进入配合孔中,其节流面积越来越小,解决了在行程最后阶段缓冲作用过弱的问题。

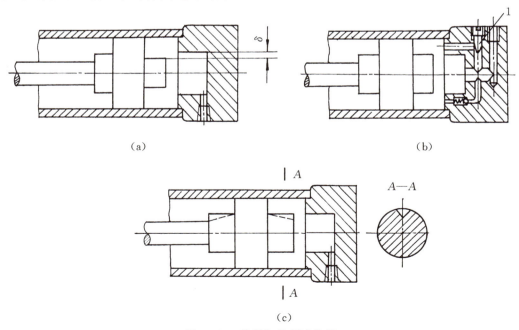

图 3-13 液压缸的缓冲装置

5)放气装置

液压缸在安装过程中或长时间停放重新工作时,液压缸里和管道系统中会渗入空气,为了防止执行元件出现爬行、噪声和发热等不正常现象,需把缸中和系统中的空气排出。一般可在液压缸的最高处设置进出油口把气带走,也可在最高处设置放气孔[见图 3-14(a)]或专门的放气阀[见图 33-1-14(b)、(c)]。

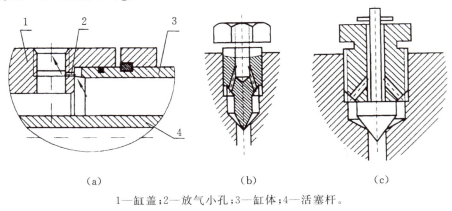

1—缸盖;2—放气小孔;3—缸体;4—活塞杆。

图 3-14 放气装置

3.1.3 液压缸常见故障和排除方法

液压缸常见故障和排除方法如表 3-1 所示。

表 3-1 液压缸常见故障和排除方法

故障现象	产生原因	排除方法
爬行	1.外界空气进入缸内; 2.密封压得太紧; 3.活塞与活塞杆不同轴; 4.活塞杆弯曲变形; 5.缸筒内壁拉毛,局部磨损严重或腐蚀; 6.安装位置有误差; 7.双活塞杆两端螺母拧得太紧; 8.导轨润滑不良	1.开动系统,打开排气塞(阀)强迫排气; 2.调整密封,保证活塞杆能用手拉动而试车时无泄漏即可; 3.校正或更换,使同轴度小于 $\phi 0.04$ mm; 4.校正活塞杆,保证直线度小于 0.1/1000; 5.适当修理,严重者重磨缸孔,按要求重配活塞; 6.校正; 7.调整; 8.适当增加导轨润滑油量
推力不足,速度不够或逐渐下降	1.缸与活塞配合间隙过大或 O 形密封圈破坏; 2.工作时经常用某一段,造成局部几何形状误差增大,产生泄漏; 3.缸端活塞杆密封压得过紧,摩擦力太大; 4.活塞杆弯曲,使运动阻力增加	1.更换活塞或密封圈,调整到合适间隙; 2.镗磨修复缸孔内径,重配活塞; 3.放松、调整密封; 4.校正活塞杆

续表 3-1

故障现象	产生原因	排除方法
冲击	1. 活塞与缸筒间用间隙密封时,间隙过大,节流阀失去作用; 2. 端部缓冲装置的单向阀失灵,不起作用	1. 更换活塞,使间隙达到规定要求,检查缓冲节流阀; 2. 修正、配研单向阀与阀座或更换
外泄漏	1. 密封圈损坏或装配不良使活塞杆处密封不严; 2. 活塞杆表面损伤; 3. 管接头密封不严; 4. 缸盖处密封不良	1. 检查并更换或重装密封圈; 2. 检查并修复活塞杆; 3. 检查并修整; 4. 检修密封圈及接触面

任务 2 液压马达的工作原理及应用

1. 液压马达的特点及分类

液压马达是把液体的压力能转换为机械能的装置。从原理上讲,液压泵可以作液压马达用,液压马达也可作液压泵用。事实上,同类型的液压泵和液压马达虽然在结构上相似,但由于两者的工作情况不同,使得两者在结构上也有某些差异,具体如下:

(1) 液压马达一般需要正反转,所以在内部结构上应具有对称性,而液压泵一般是单方向旋转的,没有这一要求。

(2) 为了减小吸油阻力,减小径向力,一般液压泵的吸油口比出油口的尺寸大。而液压马达低压腔的压力稍高于大气压力,所以没有上述要求。

(3) 液压马达要求能在很宽的转速范围内正常工作,因此,应采用液动轴承或静压轴承。因为当马达速度很低时,若采用动压轴承,就不易形成润滑油膜。

(4) 叶片泵依靠叶片跟转子一起高速旋转而产生的离心力使叶片始终贴紧定子的内表面,起封油作用,形成工作容积。若将其当马达用,必须在液压马达的叶片根部装上弹簧,以保证叶片始终贴紧定子内表面,以便马达能正常启动。

(5) 液压泵在结构上需保证具有自吸能力,而液压马达就没有这一要求。

(6) 液压马达必须具有较大的启动扭矩。所谓启动扭矩,就是马达由静止状态启动时,马达轴上所能输出的扭矩,该扭矩通常大于在同一工作压差时处于运行状态下的扭矩,所以,为了使启动扭矩尽可能接近工作状态下的扭矩,要求马达扭矩的脉动小,内部摩擦小。

由于液压马达与液压泵具有上述不同的特点,因此使得很多类型的液压马达和液压泵不能互逆使用。

液压马达按其额定转速分为高速和低速两大类,额定转速高于 500 r/min 的属于高速液压马达,额定转速低于 500 r/min 的属于低速液压马达。

高速液压马达的基本型式有齿轮式、螺杆式、叶片式和轴向柱塞式等。它们的主要特点是转速较高、转动惯量小,便于启动和制动,调速和换向的灵敏度高。通常高速液压马达的输出转矩不大(仅几十到几百 N·m),所以又称为高速小转矩液压马达。

低速液压马达的基本型式是径向柱塞式,例如单作用曲轴连杆式、液压平衡式和多作用内曲线式等。此外在轴向柱塞式、叶片式和齿轮式中也有低速的结构型式。低速液压马达的主要特点是排量大、体积大、转速低(有时可达每分钟几转甚至零点几转),因此可直接与工作机构连接,不需要减速装置,使传动机构大为简化,通常低速液压马达输出转矩较大(可达几千到几万 N·m),所以又称为低速大转矩液压马达。

液压马达也可按其结构类型分为齿轮式、叶片式、柱塞式和其他形式。

2. 液压马达的性能参数

在液压马达的各项性能参数中,压力、排量、流量等参数与液压泵同类参数有相似的含义,其原则差别在于:在泵中它们是输出参数,在马达中则是输入参数。从液压马达的输出来看,其主要性能表现为转速、转矩和效率。

1) 容积效率和转速

因为液压马达存在泄漏,输入马达的实际流量 q 必然大于理论流量 q_t,故液压马达的容积效率为

$$\eta_v = \frac{q_t}{q} \tag{3-13}$$

将 $q_t = nV$ 代入式(3-13),可得液压马达的转速公式为

$$n = \frac{q}{V}\eta_v \tag{3-14}$$

式中:V——液压马达的排量。

2) 机械效率和转矩

由于液压马达工作时存在摩擦,它的实际输出转矩 T 必然小于理论转矩 T_t,故液压马达的机械效率为

$$\eta_m = \frac{T}{T_t} \tag{3-15}$$

设马达进、出口间的工作压力差为 Δp,则马达的理论功率(忽略能量损失时)为

$$P_t = 2\pi n T_t = \Delta p q_t = \Delta p n V \tag{3-16}$$

则

$$T_t = \frac{\Delta p V}{2\pi} \tag{3-17}$$

将式(3-17)代入式(3-15),可得液压马达的输出转矩公式为

$$T = \frac{\Delta p V}{2\pi}\eta_m \tag{3-18}$$

3) 总效率

马达的输入功率为 $P_i = \Delta p q$,输出功率为 $P_o = 2\pi n T$,马达的总效率 η 为输出功率与输入功率的比值,即

$$\eta = \frac{P_o}{P_i} = \frac{2\pi n T}{\Delta p q} = \frac{2\pi n T}{\Delta p \dfrac{nV}{\eta_v}} = \frac{T}{\dfrac{\Delta p V}{2\pi}}\eta_v = \eta_m \eta_v \tag{3-19}$$

由此可知,液压马达的总效率等于机械效率与容积效率的乘积。

3. 液压马达的工作原理

常用液压马达的结构与同类型的液压泵很相似,下面对叶片马达、轴向柱塞马达和摆动马达的工作原理作介绍。

1) 叶片马达

图 3-15 所示为叶片马达的工作原理图。

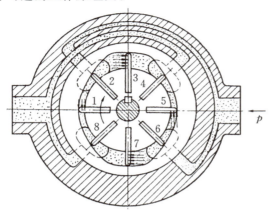

图 3-15 叶片马达的工作原理图

当压力为 p 的油液从进油口进入叶片 1 和 3 之间时,叶片 2 因两面均受液压油的作用所以不产生转矩。叶片 1、3 上,一面作用有压力油,另一面为低压油。由于叶片 3 伸出的面积大于叶片 1 伸出的面积,因此作用于叶片 3 上的总液压力大于作用于叶片 1 上的总液压力,于是压力差使转子产生顺时针的转矩。同样道理,压力油进入叶片 5 和 7 之间时,叶片 7 伸出的面积大于叶片 5 伸出的面积,也产生顺时针转矩。这样,就把油液的压力能转变成了机械能,这就是叶片马达的工作原理。当输油方向改变时,液压马达就反转。

当定子的长短径差值越大,转子的直径越大,以及输入的压力越高时,叶片马达输出的转矩也越大。

在图 3-15 中,叶片 2、4、6、8 两侧的压力相等,无转矩产生;叶片 3、7 产生的转矩为 T_1,方向为顺时针方向。假设马达出口压力为零,则

$$T_1 = 2\left[(R_1 - r)Bp \cdot \frac{R_1 + r}{2}\right] = B(R_1^2 - r^2) \cdot p \quad (3-20)$$

式中:B——叶片宽度;

R_1——定子长半径;

r——转子半径;

p——马达的进口压力。

叶片 1、5 产生的转矩为 T_2,方向为逆时针方向,则

$$T = T_1 - T_2 = B(R_1^2 - R_2^2) \cdot p \quad (3-21)$$

式中:R_2——定子短半径。

由式(3-20)、式(3-21)看出,对结构尺寸已确定的叶片马达,其输出转矩 T 决定于输入油的压力。

叶片马达的体积小,转动惯量小,因此动作灵敏,可适应的换向频率较高。但泄漏较大,不能在很低的转速下工作,因此,叶片马达一般用于转速高、转矩小和动作灵敏的场合。

2) 轴向柱塞马达

轴向柱塞马达的结构形式基本上与轴向柱塞泵一样,故其种类与轴向柱塞泵相同,也分为直轴式(斜盘式)轴向柱塞马达和斜轴式轴向柱塞马达两类。

斜盘式轴向柱塞马达的工作原理如图 3-16 所示。

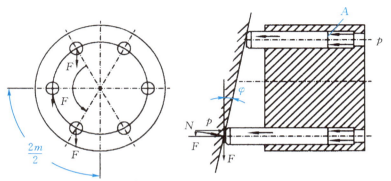

图 3-16 斜盘式轴向柱塞马达的工作原理图

当压力油进入液压马达的高压腔之后,工作柱塞便受到油压作用力 pA(p 为油压力,A 为柱塞面积),通过滑靴压向斜盘,其反作用力为 N。N 力分解成两个分力,沿柱塞轴向分力 p,与柱塞所受液压力平衡;另一分力 F,与柱塞轴线垂直向下,它与缸体中心线的距离为 r,这个力便产生驱动马达旋转的力矩。F 力的大小为

$$F = pA\tan\gamma \tag{3-22}$$

式中:γ——斜盘的倾斜角度。

这个 F 力使缸体产生扭矩的大小,由柱塞在压油区所处的位置而定。设有一柱塞与缸体的垂直中心线成 φ 角,则该柱塞使缸体产生的扭矩 T 为

$$T = Fr = FR\sin\varphi = pAR\tan\gamma\sin\varphi \tag{3-23}$$

式中:R——柱塞在缸体中的分布圆半径。

随着角度 φ 的变化,柱塞产生的扭矩也跟着变化。整个液压马达能产生的总扭矩,是所有处于压力油区的柱塞产生的扭矩之和,因此,总扭矩也是脉动的,当柱塞的数目较多且为单数时,脉动较小。

液压马达的实际输出的总扭矩可用下式计算:

$$T = \frac{\eta_m \cdot \Delta p V}{2\pi} \tag{3-24}$$

式中:Δp——液压马达进出口油液压力差(N/m^2);

V——液压马达理论排量(m^3/r);

η_m——液压马达机械效率。

从式中可看出,当输入液压马达的油液压力一定时,液压马达的输出扭矩仅和每转排量有关。因此,提高液压马达的每转排量,可以增加液压马达的输出扭矩。

一般来说,轴向柱塞马达都是高速马达,输出扭矩小,因此,必须通过减速器来带动工作机

构。如果我们能使液压马达的排量显著增大,也就可以使轴向柱塞马达做成低速大扭矩马达。

3)摆动马达

摆动液压马达工作原理见图3-17。

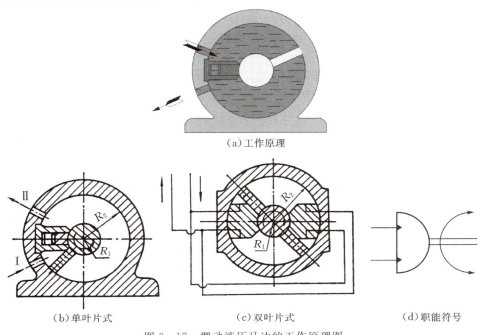

图3-17 摆动液压马达的工作原理图

图3-17(b)是单叶片式摆动液压马达。若从油口Ⅰ通入高压油,叶片1作逆时针摆动,低压力从油口Ⅱ排出。因叶片与输出轴连在一起,帮输出轴摆动同时输出转矩、克服负载。

此类摆动马达的工作压力小于10 MPa,摆动角度小于280°。由于径向力不平衡,叶片和壳体、叶片和挡块之间密封困难,限制了其工作压力的进一步提高,从而也限制了输出转矩的进一步提高。

图3-17(c)是双叶片式摆动液压马达。在径向尺寸和工作压力相同的条件下,分别是单叶片式摆动马达输出转矩的2倍,但回转角度要相应减少,双叶片式摆动马达的回转角度一般小于120°。

4)液压马达工作的基本条件

(1)要形成密封和可变的工作容积。

(2)要产生驱动负载转矩。

(3)要有适当的配流方式,即密封容积变大,高压油可以进入;密封容积变小,低压油可以排出。

4. 液压马达与液压泵的异同

从原理上说,液压泵和液压马达是可逆的,可根据一定条件互相转化,当由电动机带动而转动时,就是液压泵;当输入压力油时,就是液压马达。但由于液压泵和液压马达的用途和工作条件不同,对它们的性能要求也不一样,所以除了轴向柱塞泵和螺杆泵等可以作为液压马达使用外,其他一些泵由于结构上的原因,是不能作为液压马达使用的。下面介绍液压泵和液压马达两者的相同点和不同点。

1)液压马达与液压泵的相同点

(1)各种液压马达和液压泵均是利用"密封容积"的周期性变化来工作的,工作中均需要有配流装置,而且,"密封容积"分为高压腔和低压腔两个独立部分。

(2)两者在工作中均会产生困油、径向不平衡力、液压冲击、流量脉动和液体泄漏等一些共同的物理现象。

(3)液压泵和液压马达都是能量转换装置。转换过程中均有能量损失,所以均有容积效率、机械效率和总效率。在进行效率计算时尤其要注意输入量与输出量的关系。

(4)液压泵和液压马达最重要的结构参数都是排量。排量的大小反映了液压泵和液压马达的主要性能。

2)液压马达与液压泵的不同点

(1)动力不同。液压马达是靠输入液体压力来启动工作的,而液压泵是由电动机等其他装置直接带动的,因此结构上有所不同。液压马达密封必须可靠,因此叶片式马达的叶片根部设有预压弹簧,使其始终贴紧定子,以保证马达能顺利启动。

(2)配流机构、进出油口不同。液压马达应能正、反转运行,因此其内部结构具有对称性(如轴向柱塞马达的配流盘采用对称结构,叶片马达的叶片必须径向安装等),而液压泵通常是单向旋转的,为了改善其吸油能力和避免出现气蚀现象,通常把吸油口做得比排油口大。

(3)自吸性能不同。液压马达依靠压力油工作,不需要有自吸能力,而液压泵必须有自吸能力。

(4)防止泄漏形式不同。液压泵常采用内泄漏形式,内部泄漏口直接与液压泵吸油口相通。而液压马达需要双向运转,高低压油口互相变换。所以,若用液压泵作马达,则应采用外泄漏式结构。

(5)对转速要求不同。液压马达的转速范围应足够大,特别对它的最低稳定转速有一定的要求;液压泵都是在高速下稳定工作的,其转速基本不变。为保证马达的低速稳定性和较小的扭矩脉动,要求其内部摩擦小(通常采用滚动轴承或静压滑动轴承),齿数、叶片数、柱塞数应比泵多。

5. 液压马达的选用

液压马达与液压泵工作原理可逆,结构上类似,理论上可以通用,选择原则上也大体相同。但因其用途不同,它们在结构上有一定的差别。选择时要注意两者结构上的异同点。除少数几种液压泵可与液压马达互换使用外,其余的均不能互换使用。

一般为获得连续回转和转矩,尽量采用电动机。原因是液压马达成本高,结构复杂。但结构要求特别紧凑和大范围的无级调速更适合选用液压马达。一般精度差、价格低、效率低的场合可用齿轮式马达;而高速、小转矩及要求动作灵敏的工作台,如磨床液压系统应采用叶片式液压马达;低速大扭矩、大功率的场合应采用柱塞式马达。液压马达在选择时应尽量与液压泵匹配,减少损失,提高效率。在选择液压马达时,还要注意马达的启动性能、马达转速、低速稳定性和调速范围等方面的问题。

6. 液压马达常见故障和排除方法

1)旋转无力

原因:可能是主泵输出压力和流量不足或液压马达内部配合件间隙增大。

检查与排除方法：

(1)在主回路安全阀、过载阀和其他附件完好的前提下，将进油管与马达接口封死(不得漏油)，在马达正、反转时测定供油油路的最大压力；然后接通马达管路，测定有负载时压力；最后将测定值与其技术要求相比较即可判定故障部位。

(2)因为液压泵流量不足或压力低均会使马达输出功率下降、转矩和转速同时降低，因此测定流量应与测定压力同步进行。

(3)检查配流轴和转子孔的间隙是否在允许范围内，检查配流轴和缸体孔的旋转中心线是否一致，如超出允许值应重新装配。若出现配流轴与转子孔的配合间隙超过 0.6 mm，或转子内配流孔沿周向出现拉槽，柱塞与转子配合间隙超过 0.05 mm，滚轮方轴与滑槽配合间隙超过 0.05 mm时，均会使低速大扭矩内曲线马达转动无力。若两只行走马达不同步，则将使履带跑偏。

(4)斜盘式轴向柱塞马达，经长期高速运转，马达输出轴支承轴承间隙会增大，轴向定位间隙超过碟形大弹簧补偿值；缸体(转子)与配流盘间由于中心定位杆上 4 片碟形弹簧不能正常地将转子缸压向配流盘(碟簧疲劳强度降低，弹力下降时，在冷态下马达能正常运转，热态下碟簧变形会加大)，导致配流能力下降，造成马达运转无力。当转子与缸孔间隙超过 0.05 mm，或磨损超过正常值时，均会引起马达无力和运转缓慢。

2)泄漏

原因：可能是配流盘(配流孔)磨损或拉伤，柱塞孔和柱塞磨损，使高低压腔间密封不良，工作腔难以形成高压，导致进油量不足；泄漏量与马达进出口压差、油黏度、排量和配流结构及加工装配质量等有关，泄漏量不稳定会引起马达转速不稳、抖动或时转时停；泄油管路回油不畅，促进低压油压力提高，导致骨架油封密封效果下降，使油液从马达输出轴端向减速器壳(或制动器内)泄漏；马达输出轴支承轴承损坏，会产生偏心泄漏、异响；内泄将引起马达闭锁制动性能下降，不能准确地停在某一位置，会使挖掘机产生滑移，极不安全。

检查与排除方法：检查配油轴或缸体孔内表面是否划伤，先清洗，严重者应更换；检查柱塞和柱塞孔配合面时若有拉毛、沟槽，研磨、抛光配合面后再配磨，严重者更换；检查柱塞和柱塞孔配合面间隙是否太大(一般应为柱塞直径的 0.8% 以内)，必要时更换；高速马达内泄漏，可通过拆检马达泄油管，在空转和负载时分别测定壳体单位时间漏油量以确定故障程度。

3)爬行

原因：可能是泄漏量不稳定、马达支承架损坏、轴承定位发生变化、零件磨损、油品污染严重，以及配流轴和导轨曲面的相位不对，引起配油不准，正反转转速不一致。

检查与排除方法：清洗或更换配油轴或缸体，若马达支承架损坏、轴承定位发生变化或零件磨损，应更换并重新调整轴承定位；若因配流轴和导轨曲面的相位不对，引起配油不准，应进行空载试运转，松开微调凸轮上的固定螺母，转动微调凸轮，调节配流轴与导轨曲面的相对位置，直至现象消失，然后锁紧螺母；试机中校准配流轴相位角后，一般不得随意再动。

4)转子卡死

原因：可能是柱塞与柱塞孔、转子孔与配流轴的间隙增大，油液中的磨屑随高压油进入马达，将马达卡死；散热回路中背压进油节流小孔堵塞，造成散热不良，不能冲走马达内部污染物，使配流副和柱塞副等精密配合件局部温度升高，产生热冲击而卡死；高速柱塞马达的配流盘磨屑及系统中杂质进入柱塞孔，发生拉缸、咬缸、卡死；回程盘螺钉松动导致回程盘变形，使柱塞球面不灵活,造成柱塞与回程盘卡死。

　　检查与排除方法:分解液压马达,清洗零件,更换损坏件;配流副和柱塞副配合间隙不正确时也要更换;必要时更换油液。

安全意识——让人彻夜难免的"飞机液压油"

　　时鲁峰的工作是航空公司飞机维修系统保障飞行安全的核心技术岗位,他要在飞机维修系统运行现场处理飞机运行中所有突发性的疑难杂症,同时还需要熟知整个维修系统的运行规则,当运行出现问题时,能够快速找出问题并协调各部门及时解决问题,保证航班的安全及准点。

　　"平时很少听到时鲁峰说'还行''不错''过得去'这些模糊的词汇,他是一位严谨到几乎所有答案都数据化的工程师,有时甚至有些'强迫症'。"东航公司维修中心经理何志春对记者说。"做这个工作,必须严谨细致啊!"时鲁峰回忆,2004年的一天,他在做完航后检查后,已经是凌晨4点多。回家躺在床上,他忽然想起在工作中加了液压油,但液压油的选择活门已不记得是否放到中立位了。"这样的工作,容不得有半点的假设和侥幸。"时鲁峰从被窝里爬起来,骑着单车大半夜回到现场,确定活门已经在中立位,才放心地回家睡觉了。

　　凭借扎实的功底、出众的技术,2015年5月,经过层层选拔,时鲁峰与同伴一起,远赴美国参加波音公司举办的国际维修技能大赛,与40多家国际大公司的高手同台竞技,并最终取得了第三名的好成绩。

　　工作十几年来,面对保障航班安全和准点的巨大压力,时鲁峰和他的团队一直快速、高效地应对飞机机械故障和运行问题。这十几年中,由他直接保障的各类航班超过一万班次,间接参与保障的航班无以计数。经他亲手排除的故障也是成千上万,从未出现过任何人为差错。"客机停运一天的损失有几十万元,有时为了排除一个个小故障,一架客机要停运一周,那就是上百万元的损失。"何志春说,"但当安全和成本发生冲突的时候,我们首先要保安全,有安全才有效益!"

习题 3

一、填空题

1. 在液压系统中,液压执行元件主要有(　　　　　)和(　　　　　),其中驱动执行元件做直线运动的是(　　　　　),驱动执行元件做旋转运动的是(　　　　　)。
2. 液压缸有三种类型,即(　　　　　)、(　　　　　)和(　　　　　)。
3. 活塞式液压缸根据其使用要求不同可分为(　　　　　)和(　　　　　)两种。
4. 液压马达按其额定转速分为(　　　　　)和(　　　　　)两大类,额定转速高于 500 r/min 的属于(　　　　　),额定转速低于 500 r/min 的属于(　　　　　)。

二、简答题

1. 液压缸有哪几种类型？各有什么特点？分别应用在什么场合？
2. 液压缸由哪几部分组成？各个部分的作用是什么？
3. 试分析单杆活塞缸有杆腔、无杆腔和差动连接时，其运动件的运动速度、运动方向和所受的液压推力有何异同。利用单杆式活塞缸可实现什么样的工作循环？
4. 简述液压泵与液压马达的异同。
5. 液压马达分为哪些种类？液压马达有哪些特点？

三、计算与分析题

1. 某柱塞式液压缸，柱塞的直径 $d=12$ cm，输入的流量 $q=20$ L/min。试求柱塞运动的速度。
2. 已知某液压马达的排量为 250 mL/r，液压马达入口压力为 10.5 MPa，出口压力为 1 MPa，该马达的总效率为 0.9，容积效率为 0.92。当输入流量 $Q=22$ L/min 时，试求该马达的实际转速 n 和液压马达的输出转矩 T。
3. 在如图 3-18 所示的液压系统中，液压泵的铭牌参数为 $Q=18$ L/min，$p=16.3$ MPa。设活塞直径 $D=90$ mm，活塞杆直径 $d=60$ mm，在不计压力损失且 $F=56\,000$ N 时，试求各图示情况下压力表的指示压力。

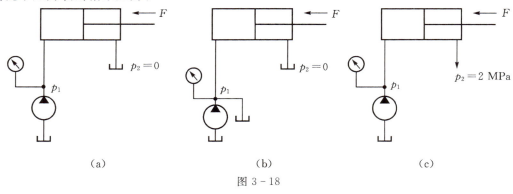

图 3-18

项目 4　液压控制元件的工作原理及应用

在液压系统中,为了控制与调节液压油的流动方向、压力大小或流量,以满足设备的各种工作要求,就要采用控制阀(简称阀)来实现。按照功能不同,液压控制阀主要分为方向控制阀、压力控制阀和流量控制阀三大类。

项目 4

知识目标

1. 了解各类液压控制阀的分类方法和使用范围；
2. 掌握方向控制阀的工作原理、图形符号、结构形式及性能特点；
3. 掌握压力控制阀的工作原理、图形符号、结构形式及性能特点；
4. 掌握流量控制阀的工作原理、图形符号、结构形式及性能特点；
5. 熟悉液压阀的常见故障及排除方法。

技能目标

1. 能正确识读液压阀的职能符号；
2. 能正确选用方向控制阀；
3. 能正确选用压力控制阀；
4. 能正确选用流量控制阀；
5. 能正确拆装液压控制阀；
6. 能排除液压阀的常见典型故障。

素质目标

1. 树立标准意识；
2. 养成独立思考与分析问题的能力；
3. 培养吃苦耐劳的劳动精神；
4. 养成执着专注、精益求精的工匠精神；
5. 培养勇于探索、敢为人先的创新精神。

项目4　液压控制元件的工作原理及应用

▶ 任务1　液压阀工作的要求

1. 液压阀的作用

液压控制元件又称为液压阀，它是用来控制液压系统中油液的流动方向或调节其压力和流量的，因此它可分为方向阀、压力阀和流量阀三大类。一个形状相同的阀，可以因为作用机制的不同，而具有不同的功能。压力阀和流量阀利用过流截面的节流作用控制着系统的压力和流量，而方向阀则利用过流通道的更换控制着油液的流动方向。这就是说，尽管液压阀存在着各种各样不同的类型，它们之间还是保持着一些基本共同点的。例如：

（1）在结构上，所有的阀都由阀体、阀芯（转阀或滑阀）和驱使阀芯动作的元部件（如弹簧、电磁铁）组成。

（2）在工作原理上，所有阀的开口大小、阀进出口间压差以及流过阀的流量之间的关系都符合孔口流量公式，仅是各种阀控制的参数各不相同而已。

2. 液压阀的分类

液压阀可按不同的特征进行分类，如表4-1所示。

表4-1　液压阀的分类

分类依据	种类	详细分类
机能	压力控制阀	溢流阀、顺序阀、卸荷阀、平衡阀、减压阀、比例压力控制阀、缓冲阀、仪表截止阀、限压切断阀、压力继电器
	流量控制阀	节流阀、单向节流阀、调速阀、分流阀、集流阀、比例流量控制阀
	方向控制阀	单向阀、液控单向阀、换向阀、行程减速阀、充液阀、梭阀、比例方向阀
结构	滑阀	圆柱滑阀、旋转阀、平板滑阀
	座阀	锥阀、球阀、喷嘴挡板阀
	射流管阀	射流阀
操作方法	手动阀	手把及手轮、踏板、杠杆
	机动阀	挡块及碰块、弹簧、液压、气动
	电动阀	电磁铁控制、伺服电动机和步进电动机控制
连接方式	管式连接	螺纹式连接、法兰式连接
	板式及叠加式连接	单层连接板式、双层连接板式、整体连接板式、叠加阀
	插装式连接	螺纹式插装（二、三、四通插装阀）、法兰式插装（二通插装阀）
控制方式	电液比例阀	电液比例压力阀、电液比例流量阀、电液比例换向阀、电液比例复合阀、电液比例多路阀、三级电液流量伺服阀
	伺服阀	单（两）级（喷嘴挡板式、动圈式）电液流量伺服阀、三级电液流量伺服阀
	数字控制阀	数字控制压力阀、流量阀与方向阀
其他方式	开关或定值控制阀	压力控制阀、流量控制阀、方向控制阀

3. 液压阀的基本性能参数

阀的基本性能参数是选用和评定液压阀的依据,反映了阀的规格大小和特性。主要有公称通径、额定压力、额定流量、压力损失等。

(1)公称通径是阀进出油口的名义尺寸,与实际不一定相等,代表阀通流能力的大小,用DN(mm)表示,公称通径对应阀的额定流量。一般连接在一起的阀公称通径相同。

(2)额定压力是阀长期工作所允许承受的最大压力。

(3)额定流量是指阀在额定工况下通过的名义流量。

(4)压力损失是指阀的进口和出口的压力差。

4. 对液压阀的基本要求

(1)动作灵敏,使用可靠,工作时冲击和振动小。

(2)油液流过的压力损失小。

(3)密封性能好。

(4)结构紧凑,安装、调整、使用、维护方便,通用性大。

▶ 任务 2　方向阀的工作原理及应用

方向阀用于控制液压系统中油液的流动方向,按用途分为单向阀(又分普通和液控两种)和换向阀两种类型。

4.2.1　普通单向阀

1. 普通单向阀的结构及工作原理

普通单向阀的作用,是使油液只能沿一个方向流动,不许它反向倒流。图 4-1(a)所示是一种管式普通单向阀的结构。压力油从阀体左端的通口 P_1 流入时,克服弹簧 3 作用在阀芯 2 上的力,使阀芯向右移动,打开阀口,并通过阀芯 2 上的径向孔 a、轴向孔 b 从阀体右端的通口流出。但是压力油从阀体右端的通口 P_2 流入时,它和弹簧力一起使阀芯锥面压紧在阀座上,使阀口关闭,油液无法通过。图 4-1(b)所示是单向阀的职能符号。

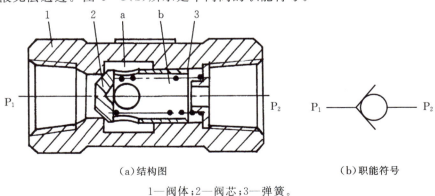

(a)结构图　　　　　　　　(b)职能符号

1—阀体;2—阀芯;3—弹簧。

图 4-1　普通单向阀

2. 普通单向阀的常见故障及排除方法

普通单向阀的常见故障及排除方法见表 4-2。

表 4-2 普通单向阀的常见故障及排除方法

故障现象	故障原因	排除方法
不起单向控制作用(不保压,液体可逆流)	1. 密封不良:阀芯与阀体孔接触不良,阀芯精度低; 2. 阀芯卡住:阀芯与阀体孔配合间隙太小,有污物; 3. 弹簧断裂	1. 配研结合面,更换阀芯(钢球或锥阀芯); 2. 控制间隙至合理值、清洗污物; 3. 更换弹簧
内泄漏严重	1. 密封不良:阀芯与阀体孔接触不良,阀芯精度低; 2. 阀芯与阀体孔不同轴	1. 配研结合面,更换阀芯(钢球或锥阀芯); 2. 更换或配研
外泄漏严重	1. 管式单向阀:螺纹连接处; 2. 板式单向阀:结合面处	1. 螺纹连接处加密封胶; 2. 更换结合面处的密封圈

4.2.2 液控单向阀

1. 液控单向阀的结构及工作原理

根据液压系统的需要,有时要使被单向阀所闭锁的油路重新接通,可把单向阀做成闭锁油路可以控制的结构,这就是液控单向阀。图 4-2(a)所示是液控单向阀的结构。当控制口 K 处无压力油通入时,它的工作原理和普通单向阀一样,压力油只能从通口 P_1 流向通口 P_2,不能反向倒流。当控制口 K 有控制压力油时,因控制活塞 1 右侧 a 腔通泄油口,活塞 1 右移,推动顶杆 2 顶开阀芯 3,使通口 P_1 和 P_2 接通,油液就可在两个方向自由通流。图 4-2(b)所示是液控单向阀的职能符号。

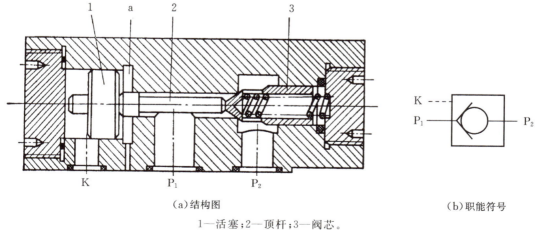

(a)结构图　　　　　　　　　　　　(b)职能符号

1—活塞;2—顶杆;3—阀芯。

图 4-2　液控单向阀

2. 液控单向阀的常见故障及排除方法

液控单向阀的常见故障及排除方法见表4-3。

表4-3 液控单向阀的常见故障及排除方法

故障现象		原因分析	排除方法
反方向不密封,有泄漏	单向阀不密封	1.单向阀在全开位置上卡死: (1)阀芯与阀孔配合过紧; (2)弹簧侧弯、变形、太弱	(1)修配,使阀芯移动灵活; (2)更换弹簧
		2.单向阀锥面与阀座锥面接触不均匀: (1)阀芯锥面与阀座同轴度差; (2)阀芯外径与锥面不同心; (3)阀座外径与锥面不同心; (4)油液过脏	(1)检修或更换; (2)检修或更换; (3)检修或更; (4)过滤油液或更换
反向打不开	单向阀打不开	1.控制压力过低; 2.控制管路接头漏油严重或管路弯曲、被压扁使油不畅通; 3.控制阀芯卡死(如加工精度低,油液过脏); 4.控制阀端盖处漏油; 5.单向阀卡死(如弹簧弯曲,单向阀加工精度低,油液过脏)	1.提高控制压力,使之达到要求值。 2.紧固接头,消除漏油或更换管子。 3.清洗,修配,使阀芯移动灵活。 4.紧固端盖螺钉,并保证拧紧力矩均匀。 5.清洗,修配,使阀芯移动灵活;更换弹簧;过滤或更换油液

4.2.3 换向阀

1. 换向阀的工作原理

换向阀的作用是利用阀芯和阀体间相对位置的改变,来变换油流的方向、接通或关闭油路,从而控制执行元件的换向、启动或停止。当阀芯和阀体处于图4-3(a)所示的相对位置时,P和B连通,A和O连通,液压缸右腔通压力油,液压缸活塞左移。当对阀芯施加一个从左往右的力使其右移,阀芯和阀体处于图4-3(b)所示的相对位置时,阀体上的油口P和A连通,B和O连通,压力油经P、A进入液压缸左腔,活塞右移,右腔油液经B、O回油箱。

2. 换向阀的分类

按阀芯在阀体内的工作位置数和换向阀所控制的油口通路数分类,换向阀有二位二通、二位三通、二位四通、二位五通、三位四通、三位五通等类型(见表4-4)。不同的位数和通数是由阀体上的沉割槽和阀芯上的台肩的不同组合而成的。将五通阀的两个回油口 T_1 和 T_2 沟通成一个油口T,即成四通阀。

项目4 液压控制元件的工作原理及应用

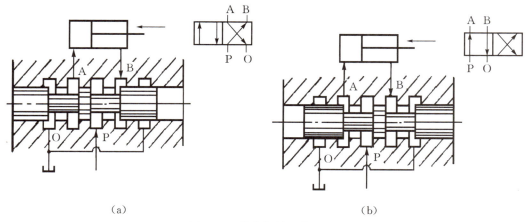

图 4-3 换向阀的工作原理

表 4-4 常用换向阀的结构原理和职能符号

类型	结构原理图	职能符号	使用场合	
二位二通	(A P)	(A P)	控制油路的接通与断开（相当于一个开关）	
二位三通	(A P B)	(A B P)	控制液流方向（从一个方向变换为另一个方向）	
二位四通	(A P B T)	(A B P T)	不能使执行元件在任意位置处停止运动	执行元件正反向运动时回油方式相同
三位四通	(A B P T)	(A B P T)	能使执行元件在任意位置处停止运动	
二位五通	(T_1 A P B T_2)	(A B T_1 P T_2)	不能使执行元件在任意位置处停止运动	执行元件正反向运动时可以得到不同的回油方式
三位五通	(T_1 A P B T_2)	(A B T_1 P T_2)	能使执行元件在任意位置处停止运动	

（中间合并列："控制执行元件换向"）

按阀芯控制的方式分类,换向阀有手动、机动、电动、液动和电液动等类型,常见的滑阀操纵方式如图 4-4 所示。

(a)手动式　　(b)机动式　　(c)电磁动　　(d)弹簧控制　　(e)液动　　(f)液压先导控制　　(g)电液控制

图 4-4　滑阀操纵方式

3. 换向阀的职能符号

换向阀的符号表示如表 4-4 所示。

(1)位数用方格(一般为正方格,五通阀用长方格)数表示,二格即二位,三格即三位。

(2)在一个方格内,箭头或封闭符号"⊥"与方格的交点数为油口通路数,即"通"数。箭头表示两油口连通,但不表示流向;"⊥"表示该油口不通流。

(3)控制机构和复位弹簧的符号画在主体的任意位置(通常位于一边或中间)。

(4)P 表示进油口,T 表示通油箱的回油口,A 和 B 表示连接其他两个工作油路的油口。

(5)三位阀的中格、二位阀画有弹簧的一格为常态位。常态位应画出外部连接油口。

4. 三位换向阀的中位机能

三位阀常态位各油口的连通方式称为中位机能。中位机能不同,阀在中位时对系统的控制性能也不相同。三位四通换向阀常见的中位机能形式主要有 O 型、H 型、Y 型、P 型、M 型、K 型、X 型等,其形式、符号及其特点见表 4-5。

表 4-5　三位四通换向阀的中位机能

机能形式	符号	中位油口状况、特点及应用
O 型		P、A、B、T 四油口全部封闭,液压缸闭锁,液压泵不卸荷
H 型		P、A、B、T 四油口全部串通,液压缸活塞处于浮动状态,液压泵卸荷
Y 型		P 油口封闭,A、B、T 三油口相通,液压缸活塞浮动,液压泵不卸荷
P 型		P、A、B 三油口相通,T 油口封闭,液压泵与液压缸两腔相通,可组成差动连接
M 型		P、T 相通,A、B 封闭,液压缸闭锁,液压泵卸荷
K 型		P、A、O 连通,B 口封闭,液压泵卸荷
X 型		P、A、B、O 口处于半开启状态,液压泵基本卸荷,但仍保持一定压力

分析和选择三位换向阀的中位机能时,通常考虑以下几点:

(1)当系统有保压要求时:①选用油口P是封闭式的中位机能,如O型、Y型,这时一个液压泵可用于多缸的液压系统;②选用油口P和油口O接通但不畅通的形式,如X型,这时系统能保持一定压力,可供压力要求小的控制油路使用。

(2)当系统有卸荷要求时:应选用油口P与O畅通的形式,如H型、K型、M型,这时液压泵可卸荷。

(3)当系统对换向精度要求较高时:应选用工作油口A、B都封闭的形式,如O型、M型,这时液压缸的换向精度高,但换向过程中易产生液压冲击,换向平稳性差。

(4)当系统对换向平稳性要求较高时:应选用A、B口都接通O口的形式,如Y型,这时换向平稳性好,冲击小,但换向过程中执行元件不易迅速制动,换向精度低。

(5)当系统对启动平稳性要求较高时:应选用油口A、B都不通O口的形式,如O型、P型、M型,这时液压缸某一腔的油液在启动时能起到缓冲作用,因而可保证启动的平稳性。

(6)当系统要求执行元件能浮动时:应选用油口A、B相连通的形式,如H型。可通过某些机械装置按需要改变执行元件的位置。

(7)当要求执行元件能在任意位置上停留时:选用A、B油口都与P口相通的形式(差动连接式液压缸除外),如P型,这时液压缸左右两腔作用力相等,液压缸不动。

5. 换向阀的结构

在液压传动系统中广泛采用的是滑阀式换向阀,在这里主要介绍这种换向阀的几种典型结构。

1)手动换向阀

图4-5为自动复位式手动换向阀,放开手柄1,阀芯2在弹簧3的作用下自动回复中位。

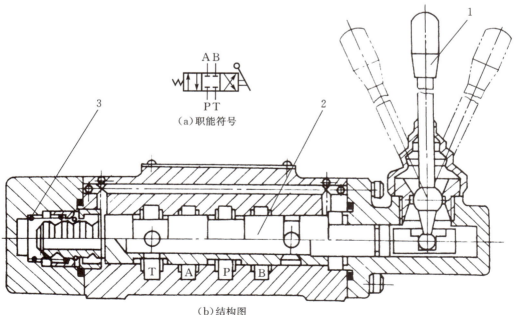

(a)职能符号

(b)结构图

1—手柄;2—阀芯;3—弹簧。

图4-5 手动换向阀

该阀适用于动作频繁、工作持续时间短的场合,操作比较安全,常用于工程机械的液压传动系统中。

如果将该阀阀芯左端弹簧3的部位改为可自动定位的结构形式,即成为可在三个位置定位的手动换向阀。

2) 机动换向阀

机动换向阀又称行程阀,如图4-6所示,它主要用来控制机械运动部件的行程,它借助于安装在工作台上的挡铁或凸轮来迫使阀芯移动,从而控制油液的流动方向。机动换向阀通常是二位的,有二通、三通、四通和五通几种,其中二位二通机动阀又分常闭和常开两种。图4-6(a)为滚轮式二位三通常闭式机动换向阀,在图示位置阀芯2被弹簧1压向上端,油腔P和A通,B口关闭。当挡铁或凸轮压住滚轮4,使阀芯2移动到下端时,就使油腔P和A断开,P和B接通,A口关闭。

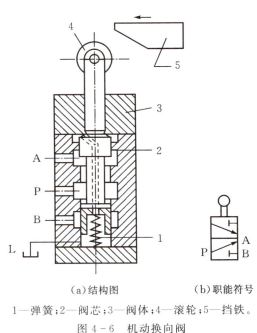

(a) 结构图　　(b) 职能符号

1—弹簧;2—阀芯;3—阀体;4—滚轮;5—挡铁。

图4-6　机动换向阀

3) 电磁换向阀

电磁换向阀是利用电磁铁的通电吸合与断电释放而直接推动阀芯来控制液流方向的,简称电磁阀,如图4-7所示。

电磁铁按使用电源的不同,可分为交流和直流两种。按衔铁工作腔是否有油液又可分为"干式"和"湿式"。交流电磁铁启动力较大,不需要专门的电源,吸合、释放快,动作时间为0.01~0.03 s。其缺点是若电源电压下降15%以上,则电磁铁吸力明显减小,若衔铁不动作,干式电磁铁会在10~15 min后烧坏线圈(湿式电磁铁为1~1.5 h),且冲击及噪声较大,寿命低。因此,在实际使用中交流电磁铁允许的切换频率一般为10次/min,不得超过30次/min。直流电磁铁工作较可靠,吸合、释放动作时间为0.05~0.08 s,允许使用的切换频率较高,一般可达120次/min,最高可达300次/min,且冲击小、体积小、寿命长,但需有专门的直流电源,成本较高。此外,还有一种整体电磁铁,是直流的,但电磁铁本身带有整流器,通入的交流电经整流后再供给直流电磁铁。目前,国外新发展了一种油浸式电磁铁,不但衔铁,而且激磁线圈也都浸在油液中工作,它具有寿命更长,工作更平稳可靠等特点,但由于造价较高,应用面不广。

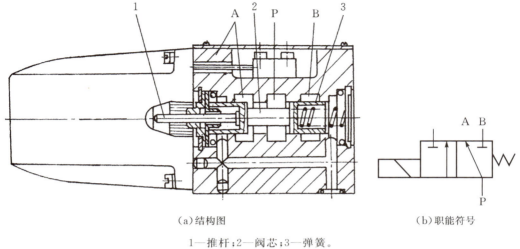

(a)结构图　　　　　　　　(b)职能符号

1—推杆;2—阀芯;3—弹簧。

图4-7　二位三通电磁换向阀

图4-7(a)所示为二位三通交流电磁换向阀结构,在图示位置,油口P和A相通,油口B断开;当电磁铁通电吸合时,推杆1将阀芯2推向右端,这时油口P和A断开,而与B相通。而当磁铁断电释放时,弹簧3推动阀芯复位。

如前所述,电磁换向阀就其工作位置来说,有二位和三位等。二位电磁阀有一个电磁铁,靠弹簧复位;三位电磁阀有两个电磁铁。图4-8所示为一种三位五通电磁换向阀的结构和职能符号。

4) 液动换向阀

液动换向阀是利用控制油路的压力油来改变阀芯位置的换向阀,如图4-9所示为三位四通液动换向阀。阀芯是由其两端密封腔中油液的压差来移动的,当控制油路的压力油从阀右边的控制油口K_2进入滑阀右腔时,K_1接通回油,阀芯向左移动,使压力油口P与B相通,A与T相通;当K_1接通压力油,K_2接通回油时,阀芯向右移动,使得P与A相通,B与T相通;当K_1、K_2都通回油时,阀芯在两端弹簧和定位套作用下回到中间位置。

5) 电液换向阀

在大中型液压设备中,当通过阀的流量较大时,作用在滑阀上的摩擦力和液动力较大,此时电磁换向阀的电磁铁推力相对地太小,需要用电液换向阀来代替电磁换向阀。电液换向阀是由电磁滑阀和液动滑阀组合而成的。电磁滑阀起先导作用,它可以改变控制液流的方向,从而改变液动滑阀阀芯的位置。由于操纵液动滑阀的液压推力可以很大,所以主阀芯的尺寸可以做得很大,允许有较大的油液流量通过。这样就能用较小的电磁铁控制较大的液流。

图4-10所示为弹簧对中型三位四通电液换向阀的结构和职能符号。先导电磁阀左边的电磁铁通电后使其阀芯向右边位置移动,来自主阀P口或外接油口的控制压力油可经先导电磁阀的A′口和左单向阀进入主阀左端容腔,并推动主阀阀芯向右移动,这时主阀阀芯右端容腔中

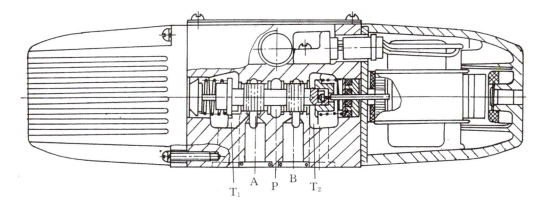

(a) 结构图

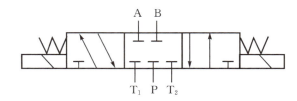

(b) 职能符号

图 4-8 三位五通电磁换向阀

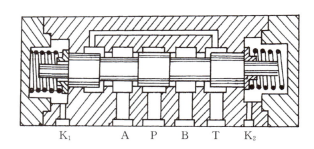

(a) 结构图

(b) 职能符号

图 4-9 三位四通液动换向阀

的控制油液可通过右边的节流阀经先导电磁阀的B′口和T′口,再从主阀的T口或外接油口流回油箱(主阀阀芯的移动速度可由右边的节流阀调节),使主阀P与A、B和T的油路相通;反之,由先导电磁阀右边的电磁铁通电,可使P与B、A与T的油路相通。当先导电磁阀的两个电磁铁均不带电时,先导电磁阀阀芯在其对中弹簧作用下回到中位,此时来自主阀P口或外接油口的控制压力油不再进入主阀阀芯的左、右两容腔,主阀芯左右两腔的油液通过先导电磁阀中间位置的A′、B′两油口与先导电磁阀T′口相通(如图4-10(b)所示),再从主阀的T口或外接油口流回油箱。主阀阀芯在两端对中弹簧的预压力的推动下,依靠阀体定位,准确地回到中位,此时主阀的P、A、B和T油口均不通。电液换向阀除了上述的弹簧对中以外还有液压对中的,在液压对中的电液换向阀中,先导式电磁阀在中位时,A′、B′两油口均与油口P连通,而T′则封闭,其他方面与弹簧对中的电液换向阀基本相似。

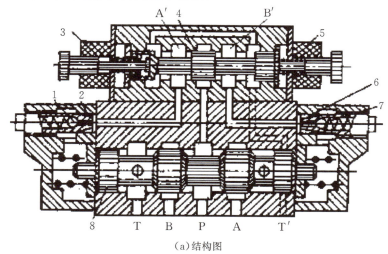

(a)结构图

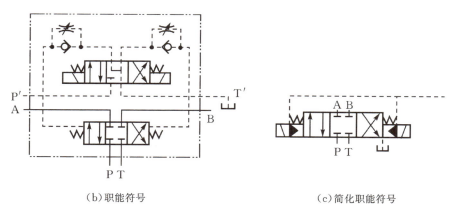

(b)职能符号   (c)简化职能符号

1,6—节流阀;2,7—单向阀;3,5—电磁铁;4—电磁阀阀芯;8—主阀阀芯。

图4-10 三位四通电液换向阀

6. 电(液、磁)换向阀常见故障及排除方法

电(液、磁)换向阀常见故障及处理如表4-6所示。

表 4-6 电(液、磁)换向阀常见故障及处理

故障现象		原因分析	排除方法
主阀芯不运动	1. 电磁铁故障	(1)电磁铁线圈烧坏； (2)电磁铁推动力不足或漏磁； (3)电气线路出故障； (4)电磁铁未加上控制信号； (5)电磁铁铁芯卡死	(1)检查原因,进行修理或更换； (2)检查原因,进行修理或更换； (3)消除故障； (4)检查后加上控制信号； (5)检查或更换
	2. 先导电磁阀故障	(1)阀芯与阀体孔卡死(如零件几何精度差；阀芯与阀孔配合过紧;油液过脏)； (2)弹簧侧弯,使滑阀卡死	(1)修理配合间隙达到要求,使阀芯移动灵活；过滤或更换油液。 (2)更换弹簧
	3. 主阀芯卡死	(1)阀芯与阀体几何精度差； (2)阀芯与阀孔配合太紧； (3)阀芯表面有毛刺	(1)修理配研间隙达到要求； (2)修理配研间隙达到要求； (3)去毛刺,冲洗干净
	4. 液控油路故障	(1)控制油路无油： ①控制油路电磁阀未换向； ②控制油路被堵塞 (2)控制油路压力不足： ①阀端盖处漏油； ②滑阀排油腔一侧节流阀调节得过小或被堵死	①检查原因并消除； ②检查清洗,并使控制油路畅通 ①拧紧端盖螺钉； ②清洗节流阀并调整适宜
	5. 油液变质或油温过高	(1)油液过脏使阀芯卡死； (2)油温过高,使零件产生热变形,而产生卡死现象； (3)油温过高,油液中产生胶质,粘住阀芯而卡死； (4)油液黏度太高,使阀芯移动困难而卡住	(1)过滤或更换； (2)检查油温过高原因并消除； (3)清洗,消除油温过高； (4)更换适宜的油液
	6. 安装不良	(1)安装螺钉拧紧力矩不均匀； (2)阀体上连接的管子"别劲"	(1)重新紧固螺钉,并使之受力均匀； (2)重新安装
	7. 复位弹簧不符合要求	(1)弹簧力过大； (2)弹簧侧弯变形,致使阀芯卡死； (3)弹簧断裂不能复位	更换适宜的弹簧
阀芯换向后通过的流量不足	阀开口量不足	(1)电磁阀中推杆过短； (2)阀芯与阀体几何精度差,间隙过小,移动时有卡死现象,故不到位； (3)弹簧太弱,推力不足,使阀芯行程不到位	(1)更换适宜长度的推杆； (2)配研达到要求； (3)更换适宜的弹簧

续表 4-6

故障现象		原因分析	排除方法
压力降过大	阀参数选择不当	实际通过流量大于额定流量	应在额定范围内使用
液控换向阀阀芯换向速度不易调节	可调装置故障	(1)单向阀封闭性差； (2)节流阀加工精度差,不能调节最小流量； (3)排油腔阀盖处漏油； (4)针形节流阀调节性能差	(1)修理或更换； (2)修理或更换； (3)更换密封件,拧紧螺钉； (4)改用三角槽节流阀
电磁铁过热或线圈烧坏	1.电磁铁故障	(1)线圈绝缘不好； (2)电磁铁铁芯不合适,吸不住； (3)电压太低或不稳定	(1)更换； (2)更换； (3)电压的变化值应在额定电压的10%以内
	2.负荷变化	(1)换向压力超过规定； (2)换向流量超过规定； (3)回油口背压过高	(1)降低压力； (2)更换规格合适的电液换向阀； (3)调整背压使其在规定值内
	3.装配不良	电磁铁铁芯与阀芯轴线同轴度不良	重新装配,保证有良好的同轴度
电磁铁吸力不够	装配不良	(1)推杆过长； (2)电磁铁铁芯接触面不平或接触不良	(1)修磨推杆到适宜长度； (2)消除故障,重新装配达到要求
冲击与振动	1.换向冲击	(1)大通径电磁换向阀,因电磁铁规格大,吸合速度快而产生冲击； (2)液动换向阀,因控制流量过大,阀芯移动速度太快而产生冲击； (3)单向节流阀中的单向阀钢球漏装或钢球破碎,不起阻尼作用	(1)需要采用大通径换向阀时,应优先选用电液动换向阀； (2)调小节流阀节流口,减慢阀芯移动速度； (3)检修单向节流阀
	2.振动	固定电磁铁的螺钉松动	紧固螺钉,并加防松垫圈

任务3　压力阀的工作原理及应用

在液压传动系统中,控制油液压力高低的液压阀称之为压力控制阀,简称压力阀。这类阀的共同点是利用作用在阀芯上的液压力和弹簧力相平衡的原理工作的。

在具体的液压系统中,根据工作需要的不同,对压力控制的要求是各不相同的:有的需要限制液压系统的最高压力,如安全阀;有的需要稳定液压系统中某处的压力值(或者压力差、压力比等),如溢流阀、减压阀等定压阀;还有的利用液压力作为信号控制其动作,如顺序阀、压力继电器等。

4.3.1 溢流阀

溢流阀的主要功用是控制和调整液压系统的压力,以保证系统在一定的压力或安全压力下工作。

1. 溢流阀的结构原理

溢流阀有多种用途,主要是在溢去系统多余油液的同时使泵的供油压力得到调整并保持基本恒定。溢流阀按其结构原理分为直动式和先导式两种。

1) 直动式溢流阀

图 4-11 所示为锥阀型直动式溢流阀。当进油口 P 从系统接入的油液压力不高时,锥阀芯 2 被弹簧 3 紧压在阀座上,阀口关闭。当进油口压力升高到能克服弹簧阻力时,便推开锥阀芯使阀口打开,油液就由进油口 P 流入,再从回油口 T 流回油箱(溢流),进油压力也就不会继续升高。当通过溢流阀的流量变化时,阀口开度即弹簧压缩量也随之改变。但在弹簧压缩量变化很小的情况下,阀芯在液压力和弹簧力作用下保持平衡,可以认为溢流阀进口处的压力基本保持为定值。拧动调压螺钉 4 改变弹簧预压缩量,便可调整溢流阀的溢流压力。

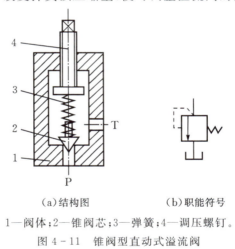

(a) 结构图　　(b) 职能符号

1—阀体;2—锥阀芯;3—弹簧;4—调压螺钉。

图 4-11　锥阀型直动式溢流阀

这种阀因进口压力油直接作用于阀芯,故称直动式溢流阀。直动式溢流阀一般只用于低压或小流量的场合。

直动式溢流阀还有球阀型和滑阀型等。

2) 先导式溢流阀

因控制较高压力或较大流量时,需要装刚度较大的硬弹簧,不但手动调节困难,而且阀口开度(弹簧压缩量)略有变化便引起较大的压力波动,不能稳定,故系统压力较高时就需要采用先导式溢流阀。

图 4-12 所示为一种三节同心先导式溢流阀。由图可见先导式溢流阀由先导阀和主阀两部分组成。先导阀就是一个小规格的直动式溢流阀,而主阀阀芯是一个具有锥形端部、中间开有阻尼小孔的圆柱体。

如图 4-12(b)所示,油液从进油口 P 进入,通过阻尼孔 5 及阀体上的流道,作用在先导锥阀芯 1 的右端,当进油压力 p_1 不高时,液压力不能克服先导阀的弹簧阻力,先导阀口关闭,阀内无油液流动。这时,主阀芯因前后腔油压相同,故被主阀弹簧紧压在阀座上,主阀口亦关闭。当进油口压力 p_1 升高到先导阀弹簧的预调压力时,先导阀口打开,主阀弹簧腔的油液流过先导阀口并经阀体上的通道和出油口 O 流回油箱。这时,油液流过阻尼小孔 5,产生压力损失,压力变为 p_2,使主阀芯两端形成了压力差 p_1-p_2。主阀芯在此压差作用下克服弹簧阻力向上移动,使进、出油口连通,达到溢流稳压的目的。拧动先导阀的调压螺钉便能调整溢流压力。更换不同刚度的弹簧,便能得到不同的调压范围。图 4-12(a)为先导式溢流阀职能符号。

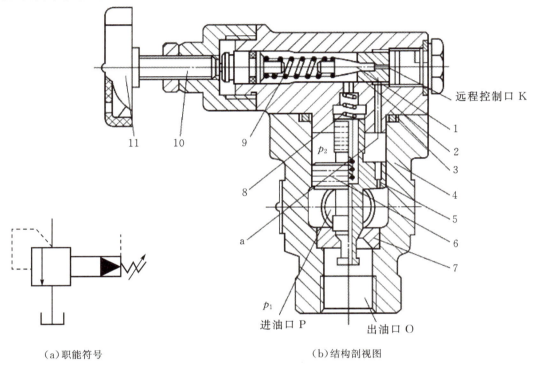

(a)职能符号　　　　　　　　　　(b)结构剖视图

1—先导锥阀芯;2—先导阀座;3—先导阀体;4—主阀体;5—阻尼孔;6—主阀芯;
7—主阀座;8—主阀弹簧;9—先导阀调压弹簧;10—调压螺栓;11—手轮。

图 4-12　先导式溢流阀

先导式溢流阀有一个远程控制口 K,如果将 K 口用油管接到另一个远程调压阀(远程调压阀的结构和溢流阀的先导控制部分一样),调节远程调压阀的弹簧力,即可调节溢流阀主阀芯上端的液压力,从而对溢流阀的溢流压力实现远程调压。但是,远程调压阀所能调节的最高压力不得超过溢流阀本身导阀的调整压力。当远程控制口 K 通过二位二通阀接通油箱时,主阀芯上端的压力接近于零,主阀芯上移到最高位置,阀口开得很大。由于主阀弹簧较软,这时溢流阀 P 口处压力很低,系统的油液在低压下通过溢流阀流回油箱,实现卸荷。

在先导式溢流阀中,先导阀的作用是用来控制和调节溢流压力的,主阀的功能则在于溢流。先导阀因为只通过泄油,其阀口直径较小,即使在较高压力的情况下,作用在锥阀上的液压推力也不很大,因此调压弹簧的刚度不必很大,压力调整也就比较轻便。主阀芯因两端均受到油压作用,主阀弹簧只需很小的刚度,当溢流量变化引起弹簧压缩量变化时,进油口的压力变化不大,故先导式溢流阀的稳压性能优于直动式溢流阀。但先导式溢流阀是二级阀,其灵敏度低于直动式溢流阀。

2. 溢流阀的应用

图 4-13 所示为溢流阀的几种应用实例。

1）用于溢流稳压

图 4-13(a)所示为定量泵供油系统,与执行机构并联一个溢流阀,起着稳压溢流的作用。在系统工作的情况下,溢流阀的阀口通常是打开的,进入液压缸的流量由节流阀调节,系统的工作压力由溢流阀调节并保持恒定。

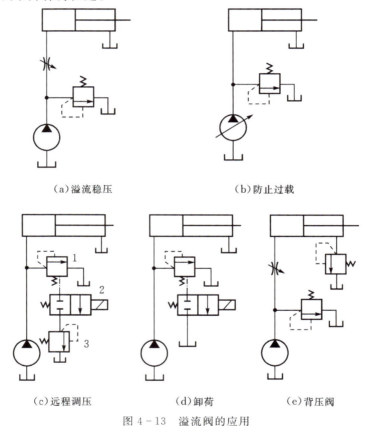

图 4-13 溢流阀的应用

2）用于防止过载

图 4-13(b)所示为变量泵供油系统,与执行机构并联一个溢流阀,起着防止系统过载的作用,故又称安全阀。它的阀口在系统正常工作的情况下是闭合的。因此在系统中,液压缸需要的流量由变量泵本身调节,系统中没有多余的油液,系统的工作压力决定于负载的大小。只有当系统的压力超过预先调定的最大工作压力时,溢流阀的回油口才打开,使油溢回油箱,保证了系统的安全。

3）实现远程调压

如图 4-13(c)所示,当两位两通电磁阀 2 断开时,泵的出口压力由先导式溢流阀 1 调定;

当阀 2 接通时，泵的出口压力由远程调压阀 3 调定。为了达到对系统的二级调压目的，阀 3 的调定压力必须小于阀 1 的调定值。

4）卸荷

系统采用定量泵供油，先导式溢流阀调压。当两位两通电磁阀处于图 4-13(d)所示位置时，溢流阀的外控口与油箱不接通，溢流阀起到过载保护作用。当两位两通电磁阀得电时，两位两通电磁阀右位工作，溢流阀的外控口与油箱接通，溢流阀的控制压力为零，主阀芯在进口压力很低时即可迅速打开，使泵卸荷，以减少能量损耗。

5）作背压阀用

在液压系统的回油路上接一溢流阀，如图 4-13(e)所示，可造成一定的回油阻力即背压。背压的存在可提高执行元件运动的平稳性。调节溢流阀的调压弹簧可调节背压力大小。

3. 溢流阀常见故障及排除方法

溢流阀常见故障及排除方法如表 4-7 所示。

表 4-7 溢流阀常见故障及排除方法

故障现象		原因分析	消除方法
调不上压力	1. 主阀故障	(1)主阀芯阻尼孔堵塞(装配时主阀芯未清洗干净，油液过脏)； (2)主阀芯在开启位置卡死(如零件精度低，装配质量差，油液过脏)； (3)主阀芯复位弹簧折断或弯曲，使主阀芯不能复位	(1)清洗阻尼孔使之畅通；过滤或更换油液。 (2)拆开检修，重新装配；阀盖紧固螺钉拧紧力要均匀；过滤或更换油液。 (3)更换弹簧
	2. 先导阀故障	(1)调压弹簧折断； (2)调压弹簧未装； (3)锥阀或钢球未装； (4)锥阀损坏	(1)更换弹簧； (2)补装； (3)补装； (4)更换
	3. 远控口电磁阀故障或远控口未加丝堵而直通油箱	(1)电磁阀未通电(常开)； (2)滑阀卡死； (3)电磁铁线圈烧毁或铁芯卡死； (4)电气线路故障	(1)检查电气线路接通电源； (2)检修、更换； (3)更换； (4)检修
	4. 装错	进出油口安装错误	纠正
	5. 液压泵故障	(1)滑动副之间间隙过大(如齿轮泵、柱塞泵)； (2)叶片泵的多数叶片在转子槽内卡死； (3)叶片和转子方向装反；	(1)修配间隙到适宜值； (2)清洗，修配间隙达到适宜值； (3)纠正方向

续表 4-7(1)

故障现象		原因分析	消除方法
压力调不高	1. 主阀故障（若主阀为锥阀）	(1)主阀芯锥面封闭性差： ①主阀芯锥面磨损或不圆； ②阀座锥面磨损或不圆； ③锥面处有脏物粘住； ④主阀芯锥面与阀座锥面不同心； ⑤主阀芯工作有卡滞现象，阀芯不能与阀座严密结合	①更换并配研； ②更换并配研； ③清洗并配研； ④修配使之结合良好； ⑤修配使之结合良好
		(2)主阀压盖处有泄漏（如密封垫损坏，装配不良，压盖螺钉有松动等）	(2)拆开检修,更换密封垫,重新装配,并确保螺钉拧紧力均匀
	2. 先导阀故障	(1)调压弹簧弯曲，或太弱，或长度过短； (2)锥阀与阀座结合处封闭性差（如锥阀与阀座磨损，锥阀接触面不圆，接触面太宽进入脏物或被胶质粘住）	(1)更换弹簧； (2)检修更换清洗,使之达到要求
压力突然升高	1. 主阀故障	主阀芯工作不灵敏，在关闭状态突然卡死（如零件加工精度低，装配质量差，油液过脏等）	检修,更换零件,过滤或更换油液
	2. 先导阀故障	(1)先导阀阀芯与阀座结合面突然粘住，脱不开； (2)调压弹簧弯曲造成卡滞	(1)清洗修配或更换油液； (2)更换弹簧
压力突然下降	1. 主阀故障	(1)主阀芯阻尼孔突然被堵死； (2)主阀芯工作不灵敏，在关闭状态突然卡死（如零件加工精度低，装配质量差，油液过脏等）； (3)主阀盖处密封垫突然破损	(1)清洗,过滤或更换油液； (2)检修更换零件,过滤或更换油液； (3)更换密封件
	2. 先导阀故障	(1)先导阀阀芯突然破裂； (2)调压弹簧突然折断	(1)更换阀芯； (2)更换弹簧
	3. 远控口电磁阀故障	电磁铁突然断电,使溢流阀卸荷	检查电气故障并消除

续表 4-7(2)

故障现象		原因分析	消除方法
压力波动（不稳定）	1. 主阀故障	(1)主阀芯动作不灵活,有时有卡住现象； (2)主阀芯阻尼孔有时堵有时通； (3)主阀芯锥面与阀座锥面接触不良,磨损不均匀； (4)阻尼孔径太大,造成阻尼作用差	(1)检修更换零件,压盖螺钉拧紧力应均匀； (2)拆开清洗,检查油质,更换油液； (3)修配或更换零件； (4)适当缩小阻尼孔径
	2. 先导阀故障	(1)调压弹簧弯曲； (2)锥阀与锥阀座接触不良,磨损不均匀； (3)调节压力的螺钉由于锁紧螺母松动而使压力变动	(1)更换弹簧； (2)修配或更换零件； (3)调压后应把锁紧螺母锁紧
振动与噪声	1. 主阀故障	(1)阀体与主阀芯几何精度差,棱边有毛刺； (2)阀体内粘附有污物,使配合间隙增大或不均匀	(1)检查零件精度,对不符合要求的零件应更换,并把棱边毛刺去掉； (2)检修更换零件
	2. 先导阀故障	(1)锥阀与阀座接触不良,圆周面的圆度不好,粗糙度数值大,造成调压弹簧受力不平衡,使锥阀振荡加剧,产生尖叫声； (2)调压弹簧轴心线与端面不够垂直,这样针阀会倾斜,造成接触不均匀； (3)调压弹簧在定位杆上偏向一侧； (4)装配时阀座装偏； (5)调压弹簧侧向弯曲	(1)把封油面圆度误差控制在 0.005～0.01 mm 以内； (2)提高锥阀精度,粗糙度应达 Ra 0.4 μm； (3)更换弹簧； (4)提高装配质量； (5)更换弹簧
振动与噪声	3. 系统存在空气	泵吸入空气或系统存在空气	排除空气
	4. 阀使用不当	通过流量超过允许值	在额定流量范围内使用
	5. 回油不畅	回油管路阻力过高或回油过滤器堵塞或回油管贴近油箱底面	适当增大管径,减少弯头,回油管口应离油箱底面二倍管径以上,更换滤芯
	6. 远控口管径选择不当	溢流阀远控口至电磁阀之间的管子通径不宜过大,过大会引起振动	一般管径取 6 mm 较适宜

4.3.2 减压阀

1. 减压阀的工作原理

减压阀可以用来降压、稳压,即将较高的进口油压降为较低而稳定的出口油压,如图4-14所示。

减压阀的工作原理是依靠压力油通过缝隙(液阻)降压,使出口压力低于进口压力,并保持出口压力为一定值。缝隙越小,压力损失越大,减压作用就越强。

图4-14(a)所示为先导式减压阀的结构原理图。压力为 p_1 的压力油从阀的进油口A流入,经过缝隙 δ 减压以后,压力降低为 p_2,再从出油口B流出。当出口压力 p_2 大于调整压力时,锥阀就被顶开,主滑阀右端油腔中的部分压力便经锥阀开口及泄油孔Y流入油箱。由于主滑阀阀芯内部阻尼小孔R的作用,滑阀右端油腔中的油压降低,阀芯失去平衡而向右移动,因而缝隙 δ 减小,减压作用增强,使出口压力 p_2 降低至调整的数值,可以通过上部调压螺钉来调节。图4-14(b)为先导式减压阀的职能符号,图4-14(c)为减压阀的一般职能符号或直动式减压阀的职能符号。

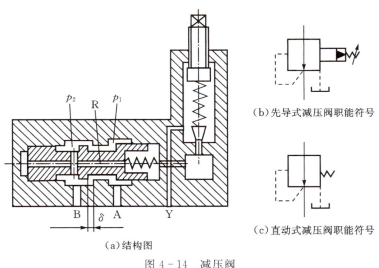

(a)结构图

(b)先导式减压阀职能符号

(c)直动式减压阀职能符号

图4-14 减压阀

2. 减压阀的应用

减压阀一般用在需减压或稳压的工作场合。定位、夹紧、分度、控制等支路往往需要稳定的低压,为此,该支路需串接一个减压阀构成减压回路。通常,在减压阀后要设单向阀,以防止系统压力降低时(例如另一缸空载快进)油液倒流,并可短时保压。为使减压回路可靠地工作,减压阀的最高调整压力应比系统压力低一定的数值。例如,中、高压系列减压阀应低出约1 MPa(中、低压系列减压阀低出约0.5 MPa),否则减压阀不能正常工作。

当减压支路的执行元件速度需要调节时,节流元件应装在减压阀出口,因为减压阀起作用时,有少量泄油从先导阀流回油箱,节流元件装在出口,可避免泄油对节流元件调定的流量产生影响。减压阀出口压力若比系统压力低得多,会增加功率损失和系统温升,必要时可用高低压双泵分别供油。

图 4-15(a)为常见的一种减压回路,液压泵的最大工作压力由溢流阀 1 来调节。夹紧工件所需要的夹紧力可用减压阀 3 来调节,电磁换向阀通常采用失电时夹紧,单向阀 2 防止油液倒流。

图 4-15(b)为二级减压回路,利用先导型减压阀 7 的远程控制口接一远程调压阀 9 获得两级减压回路。与溢流阀类似,应注意远程阀 9 的调定压力要低于阀 8 的调定压力值,否则无效。

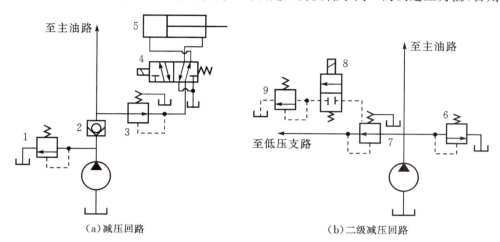

(a)减压回路　　　　　　　　(b)二级减压回路

1—溢流阀;2—单向阀;3—减压阀;4—换向阀;5—夹紧缸;
6—溢流阀;7—先导型减压阀;8—换向阀;9—远程调压阀。

图 4-15　减压阀的应用

3. 减压阀与溢流阀的比较

减压阀与溢流阀的主要区别如下:

(1)减压阀利用出口油压与弹簧力平衡,而溢流阀则利用进口油压与弹簧力平衡。

(2)减压阀的进、出油口均有压力,所以弹簧腔的泄油需从外部单独接回油箱(称外部回油),而溢流阀的泄油可沿内部通道经回油口流回油箱(称内部回油)。

(3)非工作状态时,减压阀的阀口常开(为最大开口),而溢流阀则是常闭的。

这三点区别从它们二者的符号中也可以看出。

4. 减压阀常见故障及排除方法

减压阀常见故障及排除方法如表 4-8 所示。

表 4-8　减压阀常见故障及排除方法

故障现象	原因分析		消除方法
无二次压力	1. 主阀故障	主阀芯在全闭位置卡死(如零件精度低);主阀弹簧折断,弯曲变形;阻尼孔堵塞	修理、更换零件和弹簧,过滤或更换油液
	2. 无油源	未向减压阀供油	检查油路消除故障

续表 4-8

故障现象		原因分析	消除方法
不起减压作用	1. 使用错误	泄油口不通： (1) 螺塞未拧开； (2) 泄油管细长，弯头多，阻力太大； (3) 泄油管与主回油管道相连，回油背压太大； (4) 泄油通道堵塞、不通	(1) 将螺塞拧开； (2) 更换符合要求的油管； (3) 泄油管必须与回油管道分开，单独流回油箱； (4) 清洗泄油通道
	2. 主阀故障	主阀芯在全开位置时卡死（如零件精度低，油液过脏等）	修理、更换零件，检查油质，更换油液
	3. 锥阀故障	调压弹簧太硬，弯曲并卡住不动	更换弹簧
二次压力不稳定	主阀故障	(1) 主阀芯与阀体几何精度差，工作时不灵敏； (2) 主阀弹簧太弱，变形或将主阀芯卡住，使阀芯移动困难； (3) 阻尼小孔时堵时通	(1) 检修，使其动作灵活； (2) 更换弹簧； (3) 清洗阻尼小孔
二次压力升不高	1. 外泄漏	(1) 顶盖结合面漏油，其原因如：密封件老化失效、螺钉松动或拧紧力矩不均； (2) 各丝堵处有漏油	(1) 更换密封件，紧固螺钉，并保证力矩均匀； (2) 紧固并消除外漏
	2. 锥阀故障	(1) 锥阀与阀座接触不良； (2) 调压弹簧太弱	(1) 修理或更换； (2) 更换

4.3.3 顺序阀

1. 顺序阀的工作原理

顺序阀的功用是利用液压系统中的压力变化来控制油路的通断，从而实现某些液压元件按一定的顺序动作，如图 4-16 所示。顺序阀亦有直动式和先导式两种结构。此外，根据所用控制油路的不同，顺序阀又可分为内控式和外控式两种。

图 4-16(a)所示为一种直动式顺序阀的结构原理。

压力油由进油口 A 经阀体 4 和下盖 7 的小孔流到控制活塞 6 的下方，使阀芯 5 受到一个向上的推力作用。当进口油压较低时，阀芯在弹簧 2 的作用下处于下部位置，这时进、出油口 A、B 不通。当进口油压增大到预调的数值以后，阀芯底部受到的推力大于弹簧力，阀芯向上移动，进、出油口连通，压力油就从顺序阀流过。顺序阀的压力可以用调压螺钉 1 来调节。在此阀中，控制活塞的直径很小，因而阀芯受到的向上推力不大，所用的平衡弹簧就不需太硬，这样，可以使阀在较高的压力下工作(可达 7 MPa)。

顺序阀的进、出油口均有压力，所以它的弹簧腔泄油需从上盖 3 上的泄油口 Y 单独接入油

项目4 液压控制元件的工作原理及应用

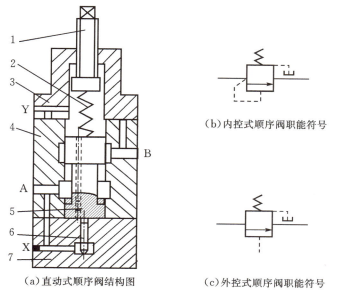

(a)直动式顺序阀结构图　(b)内控式顺序阀职能符号　(c)外控式顺序阀职能符号

1—调压螺钉；2—弹簧；3—上盖；4—阀体；5—阀芯；6—控制活塞；7—下盖。

图 4-16　顺序阀

箱，这是区别于溢流阀的一个重要标志。

在图 4-16(a)中，控制活塞下方的控制压力油经内部通道直接来源于阀的进口，这种控制方式的顺序阀称为内控式顺序阀，其职能符号如图 4-16(b)所示。

若将图 4-16(a)所示的阀稍加改装，即将下盖转过 90°安装，并打开外控口 X 的堵头，接通外控油路，就成了外控式顺序阀，其职能符号如图 4-16(c)所示。

2. 顺序阀的应用

图 4-17 为一典型的顺序动作回路，该回路实现先夹紧后工作的顺序动作。当电磁换向阀

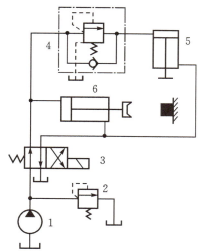

1—液压泵；2—溢流阀；3—换向阀；4—单向顺序阀；5—工作缸；6—夹紧缸

图 4-17　顺序动作回路

3 由通电切换到断电状态时,压力油直接进入夹紧缸 6 左腔,夹紧缸活塞缸向右伸出夹紧工件,夹紧动作未完成时,油压较低,不足以打开顺序阀,油液不能进入工作缸 5;当夹紧可靠完成之后,油路压力上升至顺序阀的调定压力值,顺序阀开启,压力油进入工作缸 5 的上腔,工作缸 5 的活塞杆伸出执行预定的工作。

3. 顺序阀的常见故障及排除方法

顺序阀常见故障及排除方法如表 4-9 所示。

表 4-9 顺序阀常见故障及排除方法

故障现象	原因分析	排除方法
始终出油,顺序阀不起作用	1. 阀芯在打开位置上卡死(如几何精度差、间隙太小;弹簧弯曲、断裂;油液太脏); 2. 单向阀在打开位置上卡死(如几何精度差、间隙太小;弹簧弯曲、断裂;油液太脏); 3. 单向阀密封不良(如几何精度差); 4. 调压弹簧断裂; 5. 调压弹簧漏装; 6. 未装锥阀或钢球	1. 修理,使配合间隙达到要求,并使阀芯移动灵活;检查油质,若不符合要求应过滤或更换;更换弹簧。 2. 修理,使配合间隙达到要求,并使单向阀芯移动灵活;检查油质,若不符合要求应过滤或更换;更换弹簧。 3. 修理,使单向阀的密封良好。 4. 更换弹簧。 5. 补装弹簧。 6. 补装
始终不出油,顺序阀不起作用	1. 阀芯在关闭位置上卡死(如几何精度差;弹簧弯曲;油脏)。 2. 控制油液流动不畅通(如阻尼小孔堵死,或远控管道被压扁堵死)。 3. 远控压力不足,或下端盖结合处漏油严重。 4. 通向调压阀油路上的阻尼孔被堵死。 5. 泄油管道中背压太高,使滑阀不能移动。 6. 调节弹簧太硬,或压力调得太高	1. 修理,使滑阀移动灵活,更换弹簧;过滤或更换油液。 2. 清洗或更换管道,过滤或更换油液。 3. 提高控制压力,拧紧端盖螺钉并使之受力均匀。 4. 清洗。 5. 泄油管道不能接在回油管道上,应单独接回油箱。 6. 更换弹簧,适当调整压力
调定压力值不符合要求	1. 调压弹簧调整不当; 2. 调压弹簧侧向变形,最高压力调不上; 3. 滑阀卡死,移动困难	1. 重新调整所需要的压力。 2. 更换弹簧。 3. 检查滑阀的配合间隙,修配,使滑阀移动灵活;过滤或更换油液
振动与噪声	1. 回油阻力(背压)太高; 2. 油温过高	1. 降低回油阻力。 2. 控制油温在规定范围内
单向顺序阀反向不能回油	单向阀卡死打不开	检修单向阀

4.3.4 压力继电器

1. 压力继电器的结构及工作原理

压力继电器是利用液压系统中的压力变化来控制电路的通断,从而将液压信号转变为电信号,以实现系统的程序控制或安全控制的。任何压力继电器都由压力-位移转换装置和微动开关两部分组成。按前者的结构分,有柱塞式、弹簧管式、膜片式和波纹管式四类,其中以柱塞式最常用。

图 4-18 所示为单柱塞式压力继电器。压力油从油口 P 通入作用在柱塞 1 的底部,当其压力已达到调定值时,便克服上方弹簧阻力和柱塞摩擦力作用推动柱塞上升,通过顶杆 2 触动微动开关 4 发出电信号。

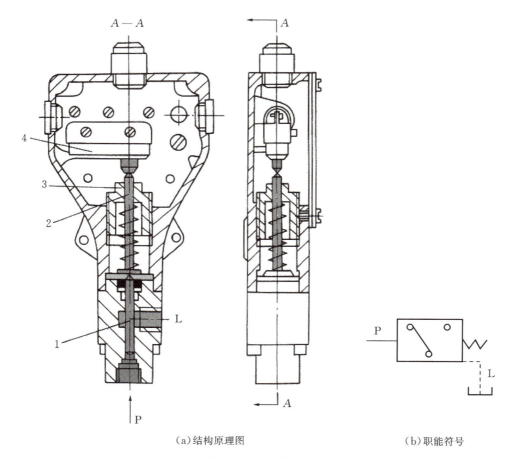

(a)结构原理图　　　(b)职能符号

1—柱塞;2—顶杆;3—调节螺杆;4—微动开关。

图 4-18 单柱塞式压力继电器

压力继电器的性能指标主要有以下两项:

(1)调压范围:发出电信号的最低和最高工作压力间的范围。打开面盖,拧动调节螺杆3,即可调整工作压力。

(2)通断调节区间:压力继电器发出电信号时的压力称为开启压力,切断电信号时的压力称为闭合压力,两者之差称为通断调节区间。开启时,柱塞、顶杆移动所受的摩擦力方向与压力方向相反,闭合时则相同,故开启压力比闭合压力大。

通断调节区间要有足够的数值,否则,系统压力脉动时,压力继电器发出的电信号会时断时续。为此,有的产品在结构上可人为地调整摩擦力的大小,使通断调节区间的数值可调。

2. 压力继电器常见故障及排除方法

压力继电器常见故障及排除方法如表 4-10 所示。

表 4-10 压力继电器常见故障及排除方法

故障现象	原因分析	排除方法
无输出信号	1. 微动开关损坏; 2. 电气线路故障; 3. 阀芯卡死或阻尼孔堵死; 4. 进油管路弯曲、变形,使油液流动不畅通; 5. 调节弹簧太硬或压力调得过高; 6. 与微动开关相接的触头未调整好; 7. 弹簧和顶杆装配不良,有卡滞现象	1. 更换微动开关; 2. 检查原因,排除故障; 3. 清洗、修配,达到要求; 4. 更换管子,使油液流动畅通; 5. 更换适宜的弹簧或按要求调节压力值; 6. 精心调整,使触头接触良好; 7. 重新装配,使动作灵敏
灵敏度太差	1. 顶杆柱销处摩擦力过大,或钢球与柱塞接触处摩擦力过大; 2. 装配不良,动作不灵活或"别劲"; 3. 微动开关接触行程太长; 4. 调整螺钉、顶杆等调节不当; 5. 钢球不圆; 6. 阀芯移动不灵活; 7. 安装不当,如不平和倾斜安装	1. 重新装配,使动作灵敏; 2. 重新装配,使动作灵敏; 3. 合理调整位置; 4. 合理调整螺钉和顶杆位置; 5. 更换钢球; 6. 清洗、修理,达到灵活; 7. 改为垂直或水平安装
发信号太快	1. 进油口阻尼孔大; 2. 膜片碎裂; 3. 系统冲击压力太大; 4. 电气系统设计有误	1. 阻尼孔适当改小,或在控制管路上增设阻尼管(蛇形管); 2. 更换膜片; 3. 在控制管路上增设阻尼管,以减弱冲击压力; 4. 按工艺要求设计电气系统

任务 4　流量阀的工作原理及应用

流量阀用于控制液压系统中液体的流量。常用的流量阀有节流阀、调速阀等。

流量阀是液压系统中的调速元件,其调速原理是依靠改变阀口的过流断面面积来控制液体的流量,以调节执行元件(液压缸或液压马达)的运动速度。

1. 节流阀

1) 节流阀的结构原理

图 4-19(a)所示为节流阀的结构原理图。油从油口 A 流入,经过阀芯下部的轴向三角形节流槽,再从油口 B 流出。拧动阀上方的调节螺钉,可以使阀芯做轴向移动,从而改变阀口的过流断面面积,使通过的流量得到调节。图 4-19(b)所示为节流阀的职能符号。

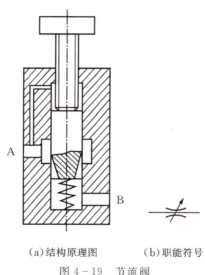

(a) 结构原理图　　(b) 职能符号

图 4-19　节流阀

2) 节流阀的流量特性

节流阀流量特性方程为

$$q = CA_T(\Delta p)^m \tag{4-1}$$

式中: q——通过节流阀的流量;

C——与阀口几何形状、油液性质有关的系数;

A_T——阀口的过流断面面积;

Δp——节流阀前后的压力差;

m——指数,由阀口结构形式所决定,通常 $0.5 \leqslant m \leqslant 1$。

由流量特性方程可知:

(1) 当阀口结构形状、油液性质和节流阀前后的压力差一定(C、φ、Δp 一定)时,只要改变阀的过流断面面积 A,便可调节流量。

(2) 当阀口过流断面面积调整好以后(A 一定),若阀的前后压力差或油液的黏度发生变化(Δp 或 C 值变化),通过节流阀的流量也要发生变化。在实际使用中,一方面由于执行机构的工作负载经常变化,导致节流阀前后的压力差变化;另一方面由于油温变化,会导致油的黏度变化,所以通过节流阀的流量也经常发生变化,使工作部件运动不平稳。

2. 调速阀

通过节流阀流量特性分析可知,节流阀可用来调节速度,但不能稳定速度。对于平稳性要求较高的液压系统,通常采用调速阀。

调速阀是由减压阀和节流阀串联而成的组合阀,如图 4-20 所示。这里所用的减压阀(称定差减压阀)跟以前介绍的先导式减压阀不同,用这种减压阀和节流阀串联在油路中,可以使节流阀前后的压力差保持不变,因此,执行机构的运动速度就得到稳定。

在图 4-20(a)中,减压阀 1 和节流阀 2 串联在液压泵和液压缸之间。来自液压泵的压力油,其压力为 p_p,经减压阀槽 a 处的开口缝隙减压以后流往槽 b,压力降为 p_1。接着,再通过节流阀流入液压缸,压力降为 p_2,在此压力作用下,活塞克服负载 F 向右运动。若负载不稳定,当 F 增大时,p_2 也随之增大,减压阀阀芯将失去平衡而向右移动,使槽 a 处的开口缝隙增大,减压作用减弱,p_1 则亦增大,因而使压力差 $\Delta p = p_1 - p_2$ 保持不变,通过节流阀进入液压缸的流量也就保持不变。反之,当 F 减小时,p_2 也随之减小,减压阀 2 阀芯将失去平衡而向左移动,使槽 a 处的开口缝隙减小,减压作用增强,p_1 亦减小,因而使压力差 $\Delta p = p_1 - p_2$ 保持不变,通过节流阀进入液压缸的流量也就保持不变。

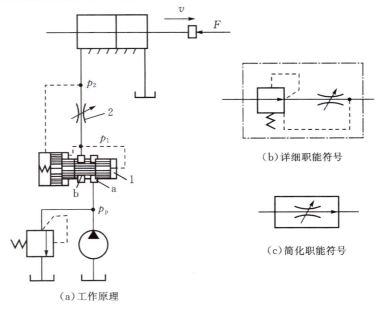

(a)工作原理
(b)详细职能符号
(c)简化职能符号

1—减压阀;2—节流阀。

图 4-20 调速阀

3. 流量阀常见故障与排除方法

流量阀常见故障及排除方法如表 4-11 所示。

项目4 液压控制元件的工作原理及应用

表 4-11 流量阀常见故障及排除方法

故障现象		原因分析	排除方法
调整节流阀手柄无流量变化	1.压力补偿阀不动作	压力补偿阀芯在关闭位置上卡死： ①阀芯与阀套几何精度差，间隙太小； ②弹簧侧向弯曲、变形而使阀芯卡住； ③弹簧太弱	①检查精度，修配间隙达到要求，移动灵活； ②更换弹簧； ③更换弹簧
	2.节流阀故障	(1)油液过脏，使节流口堵死； (2)手柄与节流阀芯装配位置不合适； (3)节流阀阀芯上未装键； (4)节流阀阀芯因配合间隙过小或变形而卡死； (5)调节杆螺纹被脏物堵住造成调节不良	(1)检查油质，过滤油液； (2)检查原因，重新装配； (3)更换键或补装键； (4)清洗，修配间隙或更换零件； (5)拆开清洗
	3.系统未供油	换向阀阀芯未换向	检查原因并消除
执行元件运动速度不稳定（流量不稳定）	1.压力补偿阀故障	(1)压力补偿阀阀芯工作不灵敏： ①阀芯有卡死现象； ②补偿阀的阻尼小孔时堵时通； ③弹簧侧向弯曲、变形，或弹簧端面与弹簧轴线不垂直	①修配，达到移动灵活； ②清洗阻尼孔，若油液过脏应更换； ③更换弹簧
		(2)压力补偿阀阀芯在全开位置上卡死： ①补偿阀阻尼小孔堵死； ②阀芯与阀套几何精度差，配合间隙过小； ③弹簧侧向弯曲、变形而使阀芯卡住	①清洗阻尼孔，若油液过脏，应更换； ②修理达到移动灵活； ③更换弹簧
	2.节流阀故障	(1)节流口处积有污物，造成时堵时通； (2)简式节流阀外载荷变化会引起流量变化	(1)拆开清洗，检查油质，若油质不合格应更换； (2)对外载荷变化大或执行元件运动速度要非常平稳的系统，应改用调速阀
	3.油液品质劣化	(1)油温过高，造成通过节流口流量变化； (2)带有温度补偿的流量控制阀的补偿杆敏感性差，已损坏； (3)油液过脏，堵死节流口或阻尼孔	(1)检查温升原因，降低油温，并控制在要求范围内； (2)选用对温度敏感性强的材料做补偿杆，坏的应更换； (3)清洗，检查油质，不合格的应更换
	4.单向阀故障	在带单向阀的流量控制阀中，单向阀的密封性不好	研磨单向阀，提高密封性
	5.管路振动	(1)系统中有空气； (2)由于管路振动使调定的位置发生变化	(1)应将空气排净； (2)调整后用锁紧装置锁住
	6.泄漏	内泄和外泄使流量不稳定，造成执行元件工作速度不均匀	消除泄漏，或更换元件

精益求精——基层岗位的突破创新

2013年,潘红波放弃外企优越的福利待遇,怀揣对液压行业的热爱,来到江苏恒立液压股份有限公司,从基层做起,稳扎稳打;多年来,他带领团队突破一项又一项"卡脖子"技术,促进企业迈向高质量发展的新台阶。

初到恒立液压,潘红波便遇到了难题:多路阀的研发生产。阀片间配合间隙小,因压力、温度以及螺栓拉杆力等造成的阀孔变形会导致阀芯卡滞,从而引起挖掘机工作异常。为减少各种外因导致的阀孔变形,他带领团队在生产工艺上进行大量试验,寻找规律,对比单片、串联珩磨等工艺的特点,提出了"避让变形"的工艺模式。经过500多个日夜,难题最终得以解决。

作为液压阀事业部部长,潘红波为了保证产品品质和提升客户的满意度,特地组建了改善小组,对大型挖掘机多路阀的单人装配工作站进行升级换代,采用电脑程序指引、零件装配着色方法等先进技术,避免了人为错装漏装的问题。

为提高公司效益,潘红波成立了精益生产小组,由他亲自改进后实施的片阀表面铣加工工艺方法,每年仅刀具成本就为公司节约70多万元;由他改善的8T补偿阀孔加工工艺,降低了精铰刀加工成本,提高生产效率60%以上。

"我理解的工匠精神,是一种持之以恒、精益求精的态度,是兢兢业业从最底层、最基础做起,不断创新、不断突破。"潘红波如是说。

习题 4

一、填空题

1. 液压阀是用来控制液压系统中油液的流动方向或调节其压力和流量的,因此它可分为(   )、(   )和(   )三大类。
2. 三位四通电液换向阀的液动滑阀为弹簧对中型,其先导电磁换向阀中位必须是(   )机能。
3. 常见的压力控制阀有(   )、(   )、(   )和(   )。
4. 用于控制液压系统中液体的流量的阀称做(   ),最常用的流量阀有(   )和(   )等。

二、简答题

1. 液压系统常用的阀有哪些类型?对液压阀的基本要求是什么?
2. 简述三位换向阀的常见中位机能。在选择三位换向阀的中位机能时,通常考虑哪些因素?
3. 从阀体、阀芯的结构上比较溢流阀与减压阀的异同。现有两个阀,由于铭牌不清,无法判断哪个是溢流阀,哪个是减压阀,又不希望把阀拆开,如何根据阀的特点作出正确的判断?
4. 液压系统中溢流阀的进口、出口接错后会发生什么故障?如果先导式溢流阀主阀芯阻尼孔堵塞,将会出现什么故障?

三、计算与分析题

1. 图 4-21 所示系统中的元件 A、B、C、D、E 都是些什么阀,各自起什么作用?(图中左边的泵 1 为低压大流量泵,右侧的泵 2 为高压小流量泵)

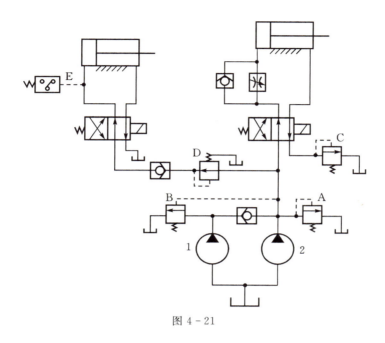

图 4-21

2. 请给图 4-22 中的各种阀完整命名,并简单说明其用途。

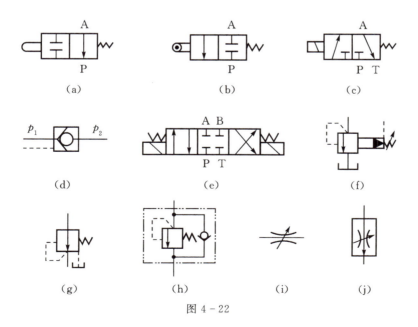

图 4-22

3. 如图 4-23 示液压系统,液压缸的有效面积 $A_1=A_2=100\ cm^2$,缸 Ⅰ 负载 $F_L=35\,000\ N$,缸 Ⅱ 运动时负载为零,不计摩擦阻力、惯性力和管路损失。溢流阀、顺序阀和减压阀的调整压力分别为 4 MPa、3 MPa 和 2 MPa。求在下列三种工况下 A、B 和 C 处的压力。

(1) 液压泵启动后,两换向阀处于中位;

(2) 1YA 有电,液压缸 Ⅰ 运动时及到终点停止运动后;

(3) 1YA 断电,2YA 有电,液压缸 Ⅱ 运动时及碰到固定挡块停止运动后。

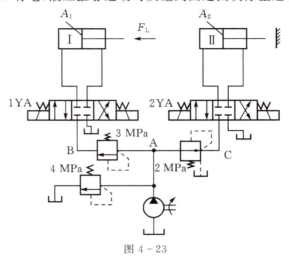

图 4-23

4. 如图 4-24 所示,已知 1DT 得电。在 A 缸活塞运动过程中,试分析 a、b 两点压力的变化情况。

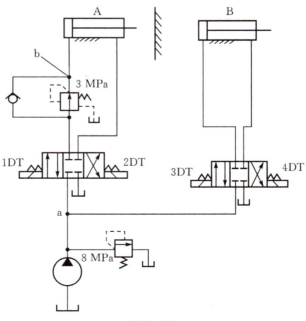

图 4-24

5. 如图 4-25 所示,一先导式溢流阀遥控口和二位二通电磁阀之间的管路上接一压力表,试确定在下列不同工况时,压力表所指示的压力值:
(1)二位二通电磁阀断电,溢流阀无溢流;
(2)二位二通电磁阀断电,溢流阀有溢流;
(3)二位二通电磁阀通电。

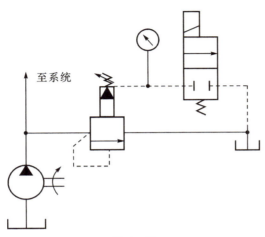

图 4-25

6. 试确定图 4-26 所示回路(各阀的调定压力标注在阀的一侧)在下列情况下,液压泵的最高出口压力:
(1)全部电磁阀断电;
(2)电磁阀 2YA 通电;
(3)电磁阀 2YA 断电,1YA 通电。

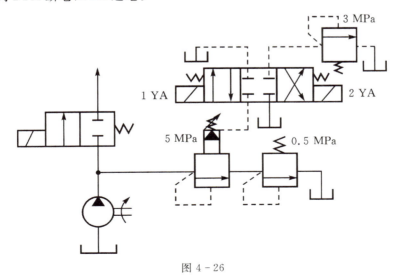

图 4-26

7.如图 4-27 所示,设溢流阀的调整压力为 p_Y,关小节流阀 a 和 b 的节流口,得节流阀 a 的前端压力 p_1,后端压力 p_2,且 $p_Y > p_1$;若再将节流口 b 完全关死,此时节流阀 a 的前端压力为_____,后端压力为_____。

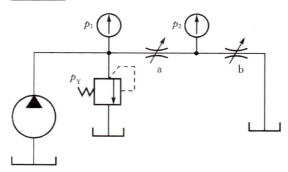

图 4-27

项目 5　液压辅助元件的工作原理及应用

在液压系统中除了液压泵、液压缸(或液压马达)和各类控制元件之外,还有液压辅助元件,它们是液压系统不可缺少的组成部分。液压系统中的辅助元件主要包括滤油器、蓄能器、油箱、热交换器、连接件、密封装置、压力表和压力表开关等。

油管、管接头、蓄能器、过滤器、油箱、密封装置、热交换器以及压力表等,对系统的动态性能、工作稳定性、工作寿命、噪声和油温等的影响很大,必须予以重视。

项目 5

知识目标

1. 熟悉滤油器的工作原理和应用；
2. 熟悉蓄能器的工作原理及应用；
3. 熟悉油箱的类型及应用；
4. 熟悉热交换器的工作原理及应用；
5. 熟悉油管和油管接头的类型和特点；
6. 熟悉密封装置的工作原理及应用；
7. 熟悉压力表和压力表开关的工作原理及应用。

技能目标

1. 能正确识读液压辅助元件的职能符号；
2. 能正确选用滤油器、蓄能器、油箱、热交换器；
3. 能正确安装油管、管接头、密封圈；
4. 能正确识读压力表数值。

素质目标

1. 树立标准意识；
2. 养成独立思考与分析问题的能力；
3. 培养严谨认真、科学务实的工作态度。
4. 培养勇于探索、敢为人先的创新精神。

项目5 液压辅助元件的工作原理及应用

任务 1　滤油器的工作原理及应用

1. 滤油器的功用和结构

在液压系统中,由于系统内的形成或系统外的侵入,液压油中难免会存在这样或那样的污染物,这些污染物的颗粒不仅会加速液压元件的磨损,而且会堵塞阀件的小孔,卡住阀芯,划伤密封件,使液压阀失灵,系统产生故障。因此必须对液压油中的杂质和污染物的颗粒进行清理。目前,控制液压油洁净程度的最有效方法就是采用滤油器。滤油器的主要功用就是对液压油进行过滤,控制油液的洁净程度。

一般对滤油器的基本要求如下:

(1)能满足液压系统对过滤精度的要求,即能阻挡一定尺寸的杂质进入系统。

(2)滤芯应有足够强度,不会因压力而损坏。

(3)通流能力大,压力损失小。

(4)易于清洗或更换滤芯。

滤油器可以安装在液压泵的吸油管路上或液压泵的输出管路上以及重要元件的前面。在通常情况下,泵的吸油口装粗滤油器,泵的输出管路与重要元件之前装精滤油器。

常用的滤油器有网式、线隙式、烧结式和纸芯式等多种类型。

网式滤油器也称滤网,是用铜丝网包装在骨架上制成的。它的结构简单,通油性能好,但过滤效果差,一般做粗滤之用。

图 5-1 所示为线隙式滤油器,它是用铝线(或铜线)1 绕在筒形心架 2 外部制成的,铝线依次排列绕在心架的外部,心架上开有许多纵向槽 a 和径向孔 b,油液从铝线的缝隙中进入槽 a,

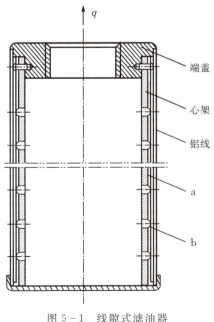

图 5-1　线隙式滤油器

再经孔 b 进入滤油器内部,然后从端盖 3 的孔中流出。这种滤油器只能用于吸油管道。当上述滤油器带有特制的金属壳时,可用于压力油路。线隙式滤油器结构简单,过滤效果好,通油能力也较大,但不易清洗。

烧结式滤油器如图 5-2 所示,它的滤芯一般由金属粉末压制后烧结而成,靠其颗粒间的孔隙滤油。这种滤油器强度大,抗腐蚀性能好,结构简单,过滤精度高,适用于精滤。缺点是通油能力较低,压力损失较大,堵塞后清洗比较困难。

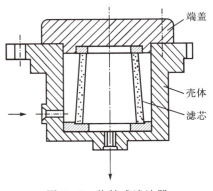

图 5-2 烧结式滤油器

纸芯式滤油器是用微孔滤纸做的纸芯装在壳体内而成的,其结构与线隙式过滤器基本相同,滤芯采用纸芯,如图 5-3 所示。这种滤油器过滤精度高,但易堵塞,无法清洗,纸芯需常更换。一般用于精滤,和其他滤油器配合使用。

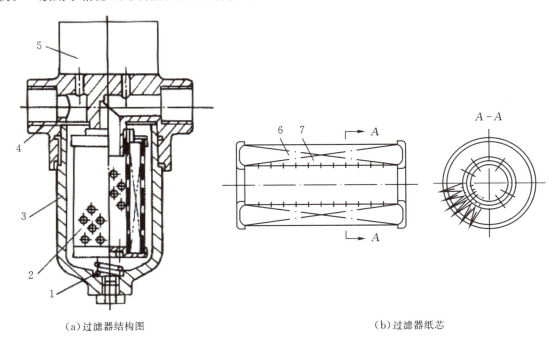

(a)过滤器结构图　　　　　　　　(b)过滤器纸芯

1—弹簧;2—滤芯;3—壳体;4—端盖;5—发信装置;6—滤纸;7—骨架。

图 5-3 纸质过滤器

在滤油器的具体应用中,为便于了解滤芯被油液杂质堵塞的状态,做到及时清洗或更换滤芯,有的滤油器在其顶部装有一个压差指示器。压差指示器与滤油器并联,其工作原理如图 5-4 所示。滤油器 1 进出口的压差 p_1-p_2 作用在活塞 2 上,与弹簧 3 的推力相平衡。当滤芯逐渐堵塞时,压差增大,以致推动活塞接通电路,报警器 4 就发出堵塞信号,提醒操作人员清洗或更换滤芯。

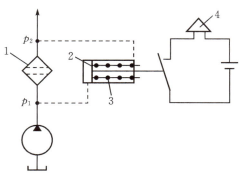

1—滤油器;2—活塞;3—弹簧;4—报警器。

图 5-4 压差指示器的工作原理

2. 滤油器的选用和安装

滤油器按其过滤精度(滤去杂质的颗粒大小)的不同,有粗过滤器、普通过滤器、精密过滤器和特精过滤器四种,它们分别能滤去大于 100 μm、10～100 μm、5～10 μm 和 1～5 μm 大小的杂质,过滤精度推荐值见表 5-1。

表 5-1 过滤精度推荐值表

系统类别	润滑系统	传动系统			伺服系统
工作压力/MPa	0～2.5	≤14	14～21	≥21	21
过滤精度/μm	100	25～50	25	10	5

选用滤油器时,要考虑下列几点:
(1)过滤精度应满足预定要求;
(2)能在较长时间内保持足够的通流能力;
(3)滤芯具有足够的强度,不因液压的作用而损坏;
(4)滤芯抗腐蚀性能好,能在规定的温度下持久地工作;
(5)滤芯清洗或更换简便。

因此,滤油器应根据液压系统的技术要求,按过滤精度、通流能力、工作压力、油液黏度、工作温度等条件选定其型号。

滤油器在液压系统中的安装位置通常有以下几种,具体安装位置如图 5-5 所示。
(1)安装在泵的吸油管路处:主要用来保护泵不致吸入较大的机械杂质,一般都采用过滤精度较低的粗过滤器或普通精度过滤器,压力损失不得超过 0.01～0.035 MPa。
(2)安装在泵的压油管路上:此处安装滤油器的目的是用来滤除可能侵入阀类等元件的污染物。其过滤精度应为 10～15 μm,且能承受油路上的工作压力和冲击压力,压力降应小于

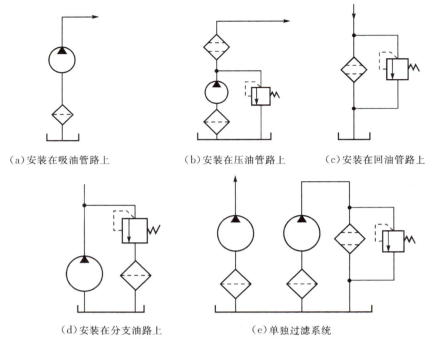

图 5-5 滤油器的安装

0.35 MPa。同时应安装安全阀以防滤油器堵塞。

(3)安装在系统的回油管路上:这种安装起间接过滤作用。一般与过滤器并联安装一背压阀,当过滤器堵塞达到一定压力值时,背压阀打开。

(4)安装在系统分支油路上:当泵流量较大时,若仍采用上述各种油路过滤,过滤器可能过大。为此可在只有泵流量 20%～30% 左右的支路上安装一小规格过滤器,对油液起滤清作用。

(5)单独过滤系统:大型液压系统可专设一液压泵和滤油器组成独立过滤回路。液压系统中除了整个系统所需的滤油器外,还常常在一些重要元件(如伺服阀、精密节流阀等)的前面单独安装一个专用的精滤油器来确保它们的正常工作。

3. 滤油器的常见故障及排除

滤油器的常见故障及排除方法见表 5-2。

表 5-2 滤油器的常见故障及排除方法

故障现象	产生原因	排除方法
滤芯变形	滤油器强度低且严重堵塞、通流阻力大幅增加,在压差作用下,滤芯变形或损坏	更换高强度滤芯或更换油液
烧结式滤油器滤芯颗粒脱落	烧结式滤油器滤芯质量不符合要求	更换滤芯
网式滤油器金属与骨架脱落	锡铜焊条的熔点仅 183 ℃,而滤油器进口温度已达 117 ℃,焊条强度大幅降低(常发生在高压泵吸油口处的网式滤油器上)	将锡铜焊料改为高熔点银镉焊料

任务 2 蓄能器的工作原理及应用

1. 蓄能器的功用和结构

蓄能器是储存压力油的一种容器。它在系统中的作用是：在短时间内供应大量压力油，以实现执行机构的快速运动；补偿泄漏以保持系统压力；消除压力脉动；缓和液压冲击。

图 5-6 所示为蓄能器的一种应用实例。在液压缸停止工作时，泵输出的压力油进入蓄能器 A 将压力能储存起来。液压缸动作时，蓄能器与泵同时供油，使液压缸得到快速运动。

蓄能器有重锤式、弹簧式和充气式等多种类型，其中常用的是充气式中的活塞式和气囊式两种。

图 5-7 所示为活塞式蓄能器。它利用活塞把压缩气体和油上下隔开，活塞的上部为压缩气体，下部为压力油液，压力油从下部进油口 a 进入，推动活塞，压缩活塞上腔的气体储存能量；当系统压力低于蓄能器内压力时，气体推动活塞，释放压力油，满足系统需要。这种蓄能器的优点是结构简单、寿命长；缺点是活塞有惯性，密封处有摩擦损失。

图 5-8 所示为气囊式蓄能器。它利用气囊把油和空气隔开，能有效地防止气体进入油中，气囊用耐油橡胶制成，其优点是气囊惯性小，反应快，容易维护；缺点是气囊及壳体制造困难，容量较小。

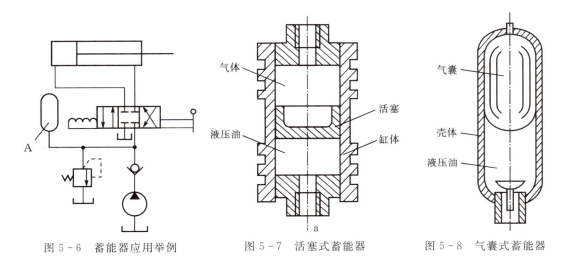

图 5-6 蓄能器应用举例　　图 5-7 活塞式蓄能器　　图 5-8 气囊式蓄能器

2. 蓄能器的使用和安装

1）蓄能器使用安装注意事项

蓄能器在液压回路中的安放位置随其功用而不同：吸收液压冲击或压力脉动时宜放在冲击源或脉动源近旁；补油保压时宜放在尽可能接近有关的执行元件处。

使用蓄能器须注意如下几点：

(1) 充气式蓄能器中应使用惰性气体（一般为氮气），允许工作压力视蓄能器结构形式而定，例如，皮囊式为 3.5～32 MPa。

(2) 不同的蓄能器各有其适用的工作范围,例如,皮囊式蓄能器的皮囊强度不高,不能承受很大的压力波动,且只能在-20~70 ℃的温度范围内工作。

(3) 皮囊式蓄能器原则上应垂直安装(油口向下),只有在空间位置受限制时才允许倾斜或水平安装。

(4) 装在管路上的蓄能器须用支板或支架固定。

(5) 蓄能器与管路系统之间应安装截止阀,供充气、检修时使用。蓄能器与液压泵之间应安装单向阀,防止液压泵停车时蓄能器内储存的压力油液倒流。

2) 蓄能器的应用

蓄能器的实际应用如图 5-9 所示。

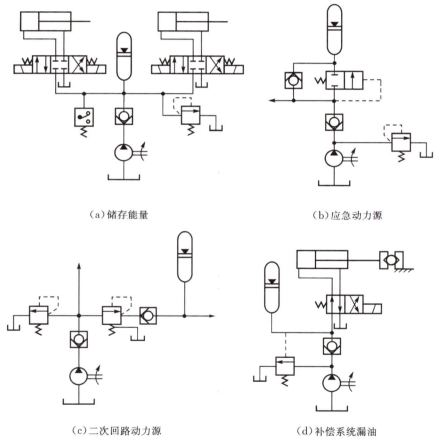

(a) 储存能量　　(b) 应急动力源

(c) 二次回路动力源　　(d) 补偿系统漏油

图 5-9　蓄能器应用实例

3. 蓄能器常见故障与排除方法

蓄能器常见故障与排除方法见表 5-3。

表5-3　蓄能器常见故障与排除方法

故障现象	产生原因	排除方法
供油不均	活塞或气囊运动阻力不均	检查活塞密封圈或气囊运动阻碍并排除
压力充不起来	充气瓶无氮气或气压低	补充氮气
	气阀泄漏	修理或更换已损坏零件
	气囊或蓄能器盖向外漏气	紧固密封或更换已损坏零件
供油压力太低	充气压力低	及时充气
	蓄能器漏气	紧固密封或更换已损坏零件
供油量不足	充气压力低	及时充气
	系统工作压力范围小且压力过高	调整系统压力
	蓄能器容量偏小	更换大容量蓄能器
不向外供油	充气压力低	及时充气
	蓄能器内部泄漏	检查泄漏原因,及时修理或更换
	系统工作压力范围小且压力过高	调整系统压力
系统工作不稳定	充气压力低	及时充气
	蓄能器漏气	紧固密封或更换已损坏零件
	活塞或气囊运动阻力不均	检查受阻原因并排除

任务3　油箱的工作原理及应用

1. 油箱的功用和结构

油箱的功用主要是储存油液,此外还起着散发油液中热量(在周围环境温度较低的情况下则是保持油液中热量)、释出混在油液中的气体、沉淀油液中污物等作用。

液压系统中的油箱有整体式和分离式两种。整体式油箱利用主机的内腔作为油箱,这种油箱结构紧凑,各处漏油易于回收,但增加了设计和制造的复杂性,维修不便,散热条件不好,且会使主机产生热变形。分离式油箱单独设置,与主机分开,减少了油箱发热和液压源振动对主机工作精度的影响,因此得到了普遍的采用,特别在精密机械上。

油箱的典型结构如图5-10所示。由图可见,油箱内部用隔板7、9将吸油管1与回油管4隔开。顶部、侧部和底部分别装有滤油网2、液位计6和排放污油的放油阀8。安装液压泵及其驱动电机的安装板5则固定在油箱顶面上。

此外,近年来又出现了充气式的闭式油箱,它不同于图5-10所示的开式油箱之处,在于油箱是整个封闭的,顶部有一充气管,可送入0.05~0.07 MPa过滤纯净的压缩空气。空气或者直接与油液接触,或者被输入到蓄能器式的皮囊内不与油液接触。这种油箱的优点是改善了液压泵的吸油条件,但它要求系统中的回油管、泄油管承受背压。油箱本身还须配置安全阀、压力表等元件以稳定充气压力,因此它只在特殊场合下使用。

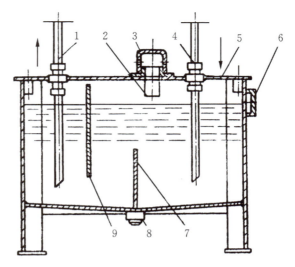

1—吸油管；2—滤油网；3—盖；4—回油管；
5—安装板；6—油位计；7—下隔板；8—放油阀；9—上隔板。

图 5-10 开式油箱

2. 油箱的设计

(1) 油箱的有效容积(油面高度为油箱高度 80% 时的容积)应根据液压系统发热、散热平衡的原则来计算，这项计算在系统负载较大、长期连续工作时是必不可少的。但对于一般情况来说，油箱的有效容积可以按液压泵的额定流量 q(L/min)估计出来。例如，适用于机床或其他一些固定式机械的估算式为

$$V = \xi q \tag{5-1}$$

式中：V——油箱的有效容积，L；

ξ——与系统压力有关的经验数字，低压系统 $\xi=2\sim4$，中压系统 $\xi=5\sim7$，高压系统 $\xi=10\sim12$。

(2) 吸油管和回油管应尽量相距远些，两管之间要用隔板隔开，以增加油液循环距离，使油液有足够的时间分离气泡，沉淀杂质，消散热量。隔板高度最好为箱内油面高度的 3/4。吸油管入口处要装粗滤油器。精滤油器与回油管管端在油面最低时仍应没在油中，防止吸油时卷吸空气或回油冲入油箱时搅动油面而混入气泡。回油管管端宜斜切 45°，以增大出油口截面积，减慢出口处油流速度，此外，应使回油管斜切口面对箱壁，以利油液散热。当回油管排回的油量很大时，宜使它出口处高出油面，向一个带孔或不带孔的斜槽(倾角为 5°~15°)排油，使油流散开，一方面减慢流速，另一方面排走油液中空气。泄油管管端亦可斜切并面壁，但不可没入油中。

管端与箱底、箱壁间距离均不宜小于管径的 3 倍。粗滤油器距箱底不应小于 20 mm。

(3) 为了防止油液污染，油箱上各盖板、管口处都要妥善密封。注油器上要加滤油网。防止油箱出现负压而设置的通气孔上须装空气滤清器。空气滤清器的容量至少应为液压泵额定流量的 2 倍。油箱内回油集中部分及清污口附近宜装设一些磁性块，以去除油液中的铁屑和带磁性颗粒。

(4) 为了易于散热和便于对油箱进行搬移及维护保养，按 GB/T 3766—2015《液压传动　系

统及其元件的通用规则和安全要求》规定,箱底离地至少应在 150 mm 以上。箱底应适当倾斜,在最低部位处设置堵塞或放油阀,以便排放污油。按照 GB/T 3766—2015 规定,箱体上注油口的近旁必须设置液位计。滤油器的安装位置应便于装拆。箱内各处应便于清洗。

(5)油箱中如要安装热交换器,必须考虑好它的安装位置,以及测温、控制等措施。

(6)分离式油箱一般用 2.5～4 mm 钢板焊成。箱壁愈薄,散热愈快,有资料建议 100 L 容量的油箱箱壁厚度取 1.5 mm,400 L 以下的取 3 mm,400 L 以上的取 6 mm,箱底厚度大于箱壁,箱盖厚度应为箱壁的 4 倍。大尺寸油箱要加焊角板、筋条,以增加刚性。当液压泵及其驱动电机和其他液压件都要装在油箱上时,油箱顶盖要相应地加厚。

(7)油箱内壁应涂上耐油防锈的涂料。外壁如涂上一层极薄的黑漆(不超过 0.025 mm 厚度),会有很好的辐射冷却效果。铸造的油箱内壁一般只进行喷砂处理,不涂漆。

3. 油箱常见故障及排除方法

油箱常见故障及排除方法见表 5-4。

表 5-4 油箱常见故障及排除方法

故障现象	产生原因	排除方法
油箱温升高	油箱离热源近、环境温度高	避开热源
	系统设计不合理,压力损失大	正确设计系统,减小压力损失
	油箱散热面积不足	加大油箱散热面积或强制冷却
	油液黏度选择不当(过高或过低)	正确选择油液黏度
油箱内油液污染	油箱内有油漆剥落片、焊渣等	采取合理的油箱内表面处理工艺
	防尘措施差,杂质及粉尘进入油箱	采取合理的防尘措施
	水与油混合(冷却器破损)	检查漏水部位,并排除故障
油箱内油液空气难以分离	油箱设计不合理	油箱内设置消泡隔板将吸油和回油隔开(或加金属斜网)
油箱振动有噪声	电动机与泵同轴度差	保证电动机与泵的同轴度要求
	液压泵吸油阻力大	控制油液黏度,加大吸油管
	油液温度偏高	控制油液温度
	油箱刚性太差	增强油箱的刚性

任务 4 热交换器的工作原理及应用

液压系统的工作温度一般希望保持在 30～50 ℃ 之内,最高不超过 65 ℃,最低不低于 15 ℃。液压系统如依靠自然冷却仍不能使油温控制在上述范围内,就须安装冷却器;反之,如环境温度太低无法使液压泵启动或正常运转,就须安装加热器。

1. 冷却器

1)冷却器的结构及工作原理

液压系统中的冷却器,最简单的是蛇形管冷却器,如图 5-11 所示,它直接装在油箱内,冷却水从蛇形管内部通过,带走油液中热量。这种冷却器结构简单,但冷却效率低,耗水量大。

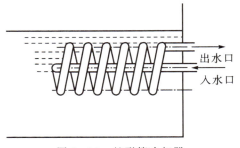

图 5-11 蛇形管冷却器

液压系统中用得较多的冷却器是强制对流式多管冷却器(见图 5-12)。油液从进油口 5 流入,从出油口 3 流出;冷却水从进水口 7 流入,通过图 5-12 多根水管后由出水口 1 流出。油液在水管外部流动时,它的行进路线因冷却器内设置了隔板而加长,因而增加了热交换效果。近来出现一种翅片管式冷却器,水管外面增加了许多横向或纵向的散热翅片,大大扩大了散热面积和热交换效果。图 5-13 所示为翅片管式冷却器的一种形式,它是在圆管或椭圆管外嵌套上许多径向翅片,其散热面积可达光滑管的 8～10 倍。椭圆管的散热效果一般比圆管更好。

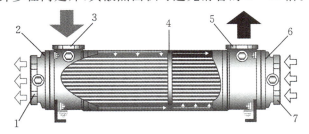

1—出水口;2—端盖;3—进油口;4—隔板
5—出油口;6—端盖;7—进水口。

图 5-12 多管式冷却器

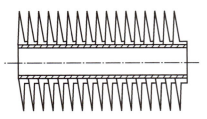

图 5-13 翅片管式冷却器

液压系统亦可以用汽车上的风冷式散热器来进行冷却。这种用风扇鼓风带走流入散热器内油液热量的装置不须另设通水管路,结构简单,价格低廉,但冷却效果较水冷式差。

2) 冷却器的安装位置

冷却器一般应安放在回油管或低压管路上。如溢流阀的出口,系统的主回流路上或单独的冷却系统。冷却器所造成的压力损失一般约为 0.01～0.1 MPa。

图 5-14 是冷却器的安装位置示例。液压泵输出的压力油直接进入系统,已发热的回油和溢流阀溢出的油一起经冷却器 1 冷却后回到油箱,单向阀 2 用以保护冷却器,当不需要冷却器时,打开截止阀 3,可以提供通道。

3) 冷却器的常见故障与排除方法

(1) 板式冷却器在运行过程中常出现的故障有渗漏、泄漏、串液。

(2) 产生渗漏的原因有夹紧尺寸不够,垫圈粘接不好,垫圈表面有异物颗粒或缺陷,应根据情况夹紧螺栓或拆装设备。

(3) 若在运行过程中出现少量渗漏,应将压力降至零,拧紧螺栓,每次拧紧量 2～3 mm,不可

项目5 液压辅助元件的工作原理及应用

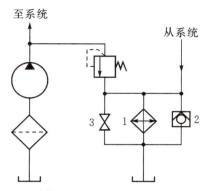

1—冷却器；2—单向阀；3—截止阀。
图 5-14 冷却器的安装位置

过多，若拧紧后仍然渗漏则需要更换胶垫。

（4）长期运行后出现泄漏或渗漏，尺寸夹紧后仍不能解决问题，证明胶垫老化，应重新更换胶垫。

（5）板式冷却器出现串液现象，原因是板片裂纹或穿孔。应打开设备，检查板片情况，个别板片出现问题应更换。若使用年限过长，应更换设备。

2. 加热器

加热器的作用在于低温启动时将油液温度升高到适当的值。液压系统的加热一般常采用结构简单、能按需要自动调节最高和最低温度的电加热器。这种加热器的安装方式是用法兰盘横装在箱壁上，发热部分全部浸在油液内，其安装形式如图 5-15 所示。加热器应安装在箱内油液流动处，以有利于热量的交换。由于油液是热的不良导体，单个加热器的功率容量不能太大，以免其周围油液过度受热后发生变质现象。

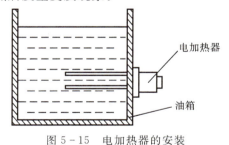

图 5-15 电加热器的安装

▶ 任务5　连接件的工作原理及应用

将分散的液压元件用油管和管接头连接，构成一个完整的液压系统。油管的性能、管接头的结构，对液压系统的工作状态有直接的关系。本节介绍常用的液压油管及管接头的结构，供设计液压装置选用连接件时参考。

1. 油管

液压系统中使用的油管种类很多，有钢管、铜管、尼龙管、塑料管、橡胶管等，须按照安装位置、工作环境和工作压力来正确选用。油管的特点及其适用范围如表5-5所示。

表5-5 液压系统中使用的油管

种类		特点和适用场合
硬管	钢管	能承受高压,价格低廉,耐油,抗腐蚀,刚性好,但装配时不能任意弯曲;常在装拆方便处用作压力管道,中、高压用无缝管,低压用焊接管
	紫铜管	易弯曲成各种形状,但承压能力一般不超过6.5~10 MPa,抗振能力较弱,又易使油液氧化;通常用在液压装置内配接不便之处
软管	尼龙管	乳白色半透明,加热后可以随意弯曲成形或扩口,冷却后又能定形不变,承压能力因材质而异,2.5~8 MPa不等
	塑料管	质轻耐油,价格便宜,装配方便,但承压能力低,长期使用会变质老化,只宜用作压力低于0.5 MPa的回油管、泄油管等
	橡胶管	高压管由耐油橡胶夹几层钢丝编织网制成,钢丝网层数越多,耐压越高,价格越高,用作中、高压系统中两个相对运动件之间的压力管道; 低压管由耐油橡胶夹帆布制成,可用作回油管道

油管的规格尺寸(管道内径和壁厚)可由式(5-2)、式(5-3)算出 d、δ 后,查阅有关的标准选定。

$$d = 2\sqrt{\frac{q}{\pi v}} \tag{5-2}$$

$$\delta = \frac{pdk_a}{2\sigma_b} \tag{5-3}$$

式中:d ——油管内径。

q ——管内流量。

v ——管中油液的流速,吸油管取0.5~1.5 m/s,高压管取2.5~5 m/s(压力高的取大值,低的取小值,例如:压力在6 MPa以上的取5 m/s,在3~6 MPa之间的取4 m/s,在3 MPa以下的取2.5~3 m/s;管道较长的取小值,较短的取大值;油液黏度大时取小值),回油管取1.5~2.5 m/s,短管及局部收缩处取5~7 m/s。

δ ——油管壁厚。

p ——管内工作压力。

k_a ——安全系数,对钢管来说,$p<7$ MPa时取 $k_a=8$,7 MPa$<p<17.5$ MPa时取 $k_a=6$,$p>17.5$ MPa时取 $k_a=4$。

σ_b ——管道材料的抗拉强度。

油管的管径不宜选得过大,以免使液压装置的结构庞大;但也不能选得过小,以免使管内液体流速加大,系统压力损失增加或产生振动和噪声,影响正常工作。

在保证强度的情况下,管壁可尽量选得薄些。薄壁易于弯曲,规格较多,装接较易,采用它可减少管接头数目,有助于解决系统泄漏问题。

2. 管接头

管接头是油管与油管、油管与液压件之间的可拆式连接件,它必须具有装拆方便、连接牢固、密封可靠、外形尺寸小、通流能力大、压降小、工艺性好等各项条件。

常用的管接头种类很多,按接头与阀体或阀板的连接方式分类,有螺纹式、法兰式等;按接头的通路分类,有直通式、角通式、三通和四通式;按油管与接头的连接方式分类,有扩口式、焊接式、卡套式、扣压式、快换式等。

(1)扩口式管接头:如图5-16(a)所示,这种管接头结构简单,适用于铜管、薄壁钢管、尼龙管和塑料管等中、低压管件的连接。

(2)焊接式管接头:如图5-16(b)所示,油管与接头内芯焊接而成,接头内芯的球面与接头体锥孔面紧密相连。焊接式管接头密封性好,结构简单,耐压性强,但装拆不便,适用于高压厚壁钢管的连接。

(3)卡套式管接头:如图5-16(c)所示,它是利用弹性极好的卡套卡住油管而密封。这种接头结构简单、安装方便,但对油管外壁尺寸精度要求较高,需采用冷拔无缝钢管。该管接头适用于高压系统,压力可达32 MPa。

(4)扣压式管接头:如图5-16(d)所示,这种管接头由接头外套和接头芯子组成。此接头适用于软管连接。

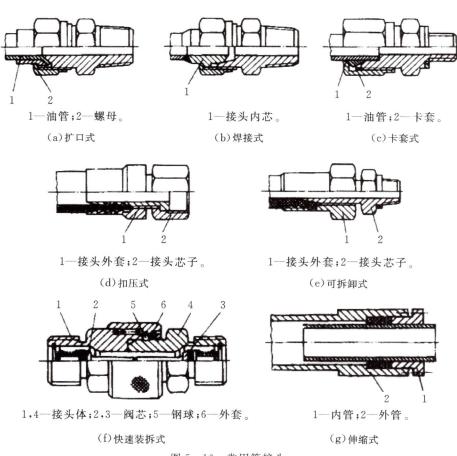

图5-16 常用管接头

(5)可拆卸式管接头:如图5-16(e)所示,此接头的结构是在外套和接头芯子上都做有外六角的形状,适用于工作压力为6～40 MPa系统中的软管连接。

(6)快速装拆式管接头:如图5-16(f)所示,此接头便于快速拆装油管。这种管接头使用方便,但结构较复杂,压力损失大,适用于液压实验台及需要经常拆卸的软管连接。

(7)伸缩式管接头:如图5-16(g)所示,这种管接头由内管、外管组成,内管可以在外管内自由滑动并用密封圈密封。内管外径必须经过精密加工。这种管接头适用于连接件有相对运动的管道的连接。

管路旋入端用的连接螺纹采用国家标准米制锥螺纹(ZM)和普通细牙螺纹(M)。

锥螺纹依靠自身的锥体旋紧和采用聚四氟乙烯等进行密封,广泛用于中、低压液压系统;细牙螺纹密封性好,常用于高压系统,但要采用组合垫圈或O形圈进行端面密封,有时也可用紫铜垫圈。

液压系统中的泄漏问题大部分都出现在管系中的接头上,为此,对管材的选用、接头形式的确定(包括接头设计、垫圈、密封、箍套、防漏涂料的选用等)、管系的设计(包括弯管设计、管道支承点和支承形式的选取等)以及管道的安装(包括正确的运输、储存、清洗、组装等)都要慎审从事,以免影响整个液压系统的使用质量。

国外对管子材质、接头形式和连接方法上的研究工作从未间断。最近出现一种用特殊的镍钛合金制造的管接头,它能使低温下受力后发生的变形在升温时消除,即把管接头放入液氮中用心棒扩大其内径,然后取出来迅速套装在管端上,便可使它在常温下得到牢固、紧密的结合。这种"热缩"式的连接已在航空和其他一些加工行业中得到了应用,它能保证在40～55 MPa的工作压力下不出现泄漏。这是一个十分值得注意的动向。

3. 连接件常见故障与排除方法

连接件常见故障与排除方法见表5-6。

表5-6 连接件常见故障与排除方法

故障现象	故障原因	排除方法
漏油	1.软管破裂,接头处漏油; 2.钢管与接头处密封不良; 3.焊接管与接头处焊接质量差; 4.24°锥结构(卡套式)结合面差; 5.螺纹连接处未拧紧或拧得太紧; 6.螺纹牙型不一致	1.更换软管,采用正确连接方式; 2.连接部位用力均匀,注意表面质量; 3.提高焊接质量; 4.更换卡套,提高24°锥表面质量; 5.螺纹连接处用力均匀拧紧; 6.螺纹牙型要一致
振动和噪声	1.液压系统共振; 2.双泵双溢流阀调定压力太相近	1.合理控制振源; 2.控制压差大于1 MPa

任务6 密封装置的工作原理及应用

密封是解决液压系统泄漏问题最重要、最有效的手段。液压系统如果密封不良,可能出现不允许的外泄漏,外漏的油液将会污染环境;还可能使空气进入吸油腔,影响液压泵的工作性能和液压执行元件运动的平稳性(爬行);泄漏严重时,系统容积效率过低,甚至工作压力达不到要求值。若密封过度,虽可防止泄漏,但会造成密封部分的剧烈磨损,缩短密封件的使用寿命,增大液压元件内的运动摩擦阻力,降低系统的机械效率。因此,合理地选用和设计密封装置在液压系统的设计中十分重要。

1. 对密封装置的要求

(1)在工作压力和一定的温度范围内,应具有良好的密封性能,并随着压力的增加能自动提高密封性能。

(2)密封装置和运动件之间的摩擦力要小,摩擦系数要稳定。

(3)抗腐蚀能力强,不易老化,工作寿命长,耐磨性好,磨损后在一定程度上能自动补偿。

(4)结构简单,使用、维护方便,价格低廉。

2. 密封装置的类型和特点

密封按其工作原理来分可分为非接触式密封和接触式密封。前者主要指间隙密封,后者指密封件密封。

1)间隙密封

间隙密封是靠相对运动件配合面之间的微小间隙来进行密封的,常用于柱塞、活塞或阀的圆柱配合副中,一般在阀芯的外表面开有几条等距离的均压槽,它的主要作用是使径向压力分布均匀,减少液压卡紧力,同时使阀芯在孔中对中性好,以减小间隙的方法来减少泄漏。同时槽所形成的阻力,对减少泄漏也有一定的作用。均压槽一般宽 0.3~0.5 mm,深为 0.5~1.0 mm。圆柱面配合间隙与直径大小有关,对于阀芯与阀孔一般取 0.005~0.017 mm。

这种密封的优点是摩擦力小,缺点是磨损后不能自动补偿,主要用于直径较小的圆柱面之间,如液压泵内的柱塞与缸体之间,滑阀的阀芯与阀孔之间的配合。

2)O 形密封圈

O 形密封圈一般用耐油橡胶制成,其横截面呈圆形,它具有良好的密封性能,内外侧和端面都能起密封作用,结构紧凑,运动件的摩擦阻力小,制造容易,装拆方便,成本低,且高低压均可以用,所以在液压系统中得到广泛的应用。

图 5-17 所示为 O 形密封圈的结构和工作情况。图 5-17(a)为其外形图;图 5-17(b)为装入密封沟槽的情况,δ_1、δ_2 为 O 形圈装配后的预压缩量,通常用压缩率 W 表示,即

$$W = \frac{d_0 - h}{d_0} \times 100\% \tag{5-4}$$

对于固定密封、往复运动密封和回转运动密封,应分别达到 15%~20%、10%~20% 和 5%~10%,才能取得满意的密封效果。当油液工作压力超过 10 MPa 时,O 形圈在往复运动中容易被油液压力挤入间隙而提早损坏[见图 5-17(c)],为此要在它的侧面安放 1.2~1.5 mm 厚的聚四氟乙烯挡圈,单向受力时在受力侧的对面安放一个挡圈[见图 5-17(d)],双向受力时则在两侧各放一个[见图 5-17(e)]。

O 形密封圈的安装沟槽,除矩形外,也有 V 形、燕尾形、半圆形、三角形等,实际应用中可查阅有关手册及国家标准。

3)唇形密封圈

唇形密封圈根据截面的形状可分为 Y 形、V 形、U 形、L 形等,其工作原理如图 5-18 所示。

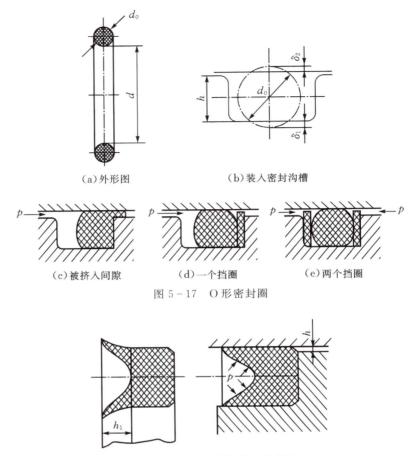

图 5-17　O 形密封圈

图 5-18　唇形密封圈的工作原理

液压力将密封圈的两唇边 h_1 压向形成间隙的两个零件的表面。这种密封作用的特点是能随着工作压力的变化自动调整密封性能,压力越高则唇边被压得越紧,密封性越好;当压力降低时唇边压紧程度也随之降低,从而减少了摩擦阻力和功率消耗,除此之外,还能自动补偿唇边的磨损,保持密封性能不降低。

目前,液压缸中普遍使用如图 5-19 所示的小 Y 形密封圈作为活塞和活塞杆的密封。其中图 5-19(a)所示为轴用密封圈,图 5-19(b)所示为孔用密封圈。小 Y 形密封圈的特点是断面宽度和高度的比值大,增加了底部支承宽度,可以避免摩擦力造成的密封圈的翻转和扭曲。

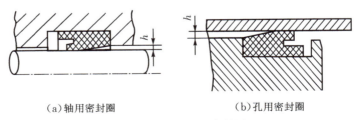

(a)轴用密封圈　　　　　　(b)孔用密封圈

图 5-19　小 Y 形密封圈

在高压和超高压情况下(压力大于25 MPa)V形密封圈也有应用。V形密封圈的形状如图5-20所示,它由多层涂胶织物压制而成,通常由压环、密封环和支承环三个圈叠在一起使用,此时已能保证良好的密封性,当压力更高时,可以增加中间密封环的数量。这种密封圈在安装时要预压紧,所以摩擦阻力较大。

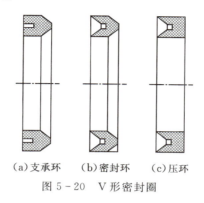

(a) 支承环　(b) 密封环　(c) 压环

图5-20　V形密封圈

唇形密封圈安装时应使其唇边开口面对压力油,使两唇张开,分别贴紧在机件的表面上。

4) 组合式密封装置

随着液压技术的应用日益广泛,系统对密封的要求越来越高,普通的密封圈单独使用已不能很好地满足密封性能,特别是使用寿命和可靠性方面的要求。因此,研究和开发了包括密封圈在内的由两个以上元件组成的组合式密封装置。

图5-21所示的为O形密封圈与截面为矩形的聚四氟乙烯塑料滑环组成的组合密封装置。其中,滑环2紧贴密封面,O形圈1为滑环提供弹性预压力,在介质压力等于零时构成密封,由于密封间隙靠滑环,而不是O形圈,因此摩擦阻力小而且稳定,可以用于40 MPa的高压;往复运动密封时,速度可达15 m/s;往复摆动与螺旋运动密封时,速度可达5 m/s。矩形滑环组合密封的缺点是抗侧倾能力稍差,在高低压交变的场合下工作容易漏油。

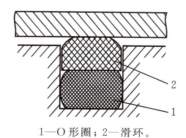

1—O形圈；2—滑环。

图5-21　组合式密封装置

组合式密封装置由于充分发挥了橡胶密封圈和滑环(支持环)的长处,因此不仅工作可靠,摩擦力低而稳定,而且使用寿命比普通橡胶密封提高近百倍,在工程上的应用日益广泛。

5) 回转轴的密封装置

回转轴的密封装置形式很多,图5-22所示是一种耐油橡胶制成的回转轴用密封圈,它的内部有直角形圆环铁骨架支撑着,密封圈的内边围着一条螺旋弹簧,把内边收紧在轴上来进行密封。这种密封圈主要用作液压泵、液压马达和回转式液压缸的伸出轴的密封,以防止油液漏到壳体外部。它的工作压力一般不超过 0.1 MPa,最大允许线速度为 4~8 m/s,须在有润滑情况下工作。

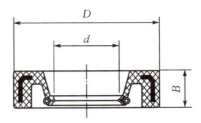

图 5-22 回转轴用密封圈

3. 密封装置常见故障及排除方法

非金属密封装置常见故障及排除方法见表 5-7。

表 5-7 非金属密封装置常见故障及排除方法

故障现象	产生原因	排除方法
挤出间隙	1. 压力过高; 2. 间隙过大; 3. 沟槽尺寸不合适; 4. 放置状态不良	1. 降低压力,设置支承环或挡圈; 2. 检修或更换; 3. 检修或更换; 4. 重新安装或检修
老化开裂	1. 低温硬化; 2. 存放和使用时间太长; 3. 温度过高	1. 查明原因,改善材料性能; 2. 检修或更换; 3. 检查漏油,严重摩擦过热及时检修或更换
扭曲	横向负载	设置挡圈
表面损伤	1. 润滑不足; 2. 装配时损伤; 3. 密封配合面损伤	1. 加强润滑; 2. 检修或更换; 3. 检查油液污染度,配合表面的加工质量,及时检查或更换
收缩	1. 与油液不相容; 2. 时效硬化	1. 更换液压油或密封件(注意成本对比); 2. 更换
膨胀	1. 与油液不相容; 2. 被溶解剂溶解; 3. 液压油老化	1. 更换液压油或密封件(注意成本对比); 2. 注意不要和溶剂接触; 3. 更换液压油
损坏黏着变形	1. 润滑不良; 2. 安装不良; 3. 密封件质量太差; 4. 压力过高,负载过大	1. 加强润滑; 2. 重新安装或检修更换; 3. 提高密封件质量或更换; 4. 设置支承环或挡圈

任务7　压力表的工作原理及应用

1. 压力表

液压系统各工作点的压力一般采用压力表来观测,以达到调整与控制的目的。压力表的种类较多,最常见的是弹簧弯管式压力表,如图5-23所示。压力油进入弹簧弯管1时,弯管变形而曲率半径增大,通过杠杆4使扇形齿轮5摆动,扇形齿轮与小齿轮6啮合,小齿轮带动指针2转动,在刻度盘3上就可读出压力值。

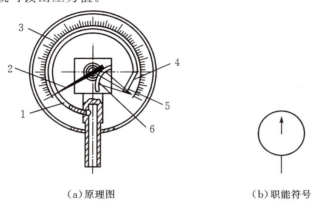

(a) 原理图　　　　　　　　(b) 职能符号

1—弹簧弯管；2—指针；3—刻度盘；4—杠杆；5—扇形齿轮；6—小齿轮。

图5-23　弹簧弯管式压力表

压力表精度等级的数字值是压力表最大误差占量程(压力表的测量范围)的百分数。一般机床上压力表用2.5～4级精度即可。压力表的精度等级越高,测量误差就越小。考虑到测量仪表的线性度,在选用压力表时,一般选压力表的量程为系统最高工作压力的1.5倍。压力表必须直立安装,为了防止压力冲击而损坏压力表,常常在压力表的通道上设置阻尼小孔。

选用压力表应使它的量程大于液压系统的最高压力。在压力稳定的系统,压力表量程一般为最高工作压力的1.5倍,压力波动较大的系统压力表量程应为最大工作压力的2倍。

2. 压力表开关

压力表开关用于接通或切断压力表与油路的连接,并通过此开关起阻尼作用,减轻压力表的急剧跳动,防止系统压力突变而损坏压力表,也可用作一般的截止阀。压力表开关按它所测量点的数目不同可分为一点、三点、六点几种；按连接方式不同,可分为板式和管式两种。

图5-24为一种压力表开关的结构原理图,压力表与系统的连接需要通过压力表开关。旋转手轮3可打开或关闭压力表油路,也可适当调节手轮由针阀2调节油路开口,起到阻尼缓冲作用,使压力表指针动作平稳。

3. 压力表常见故障及排除

压力表常见的故障如下：

(1) 指针不动。当压力升高后,压力表指针不动。其原因可能是：旋塞未开；旋塞、压力表连管或存水弯管堵塞；指针与中心轴松动或指针卡住。

(2) 指针抖动。造成指针抖动的原因有：游丝损坏；旋塞或存水弯管通道局部被堵塞；中心

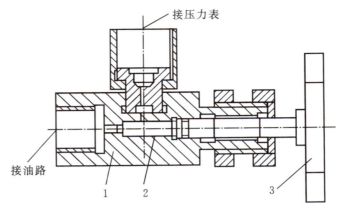

1—压力表开关体；2—针阀；3—手轮。

图 5-24　压力表开关

轴两端弯曲，轴两端转动不同心。

(3)指针在无压时回不到零位。造成这种现象的原因是：弹簧弯管产生永久变形失去弹性；指针与中心轴松动，或指针卡住；旋塞、压力表连管或存水弯管的通道堵塞。

(4)指示不正确，超过允许误差。这主要是由于弹簧管因高温或过载而产生过量变形，齿轮磨损松动，游丝紊乱，旋塞泄漏等原因造成的。

压力表有下列情况之一时，应停止使用：

(1)有限止钉的压力表，在无压力时，指针转动后不能回到限止钉处；无限止钉的压力表，在无压力时，指针距零位的数值超过压力表规定的允许误差。

(2)表盘封面玻璃破碎或表盘刻度模糊不清。

(3)封印损坏或超过校验有效期限。

(4)表内弹簧管泄漏或压力表指针松动。

(5)其他影响压力表准确指示的缺陷。

工匠精神——"液压缸螺丝"里的艰辛付出

2020年8月7日上午，石家庄黄壁庄水库事务中心机电运行处闸门班组的技术骨干高向辉已在水库坚守了近一个月。在水库正常溢洪道8号表孔的启闭机前，高向辉和同班组的宋绍辉，俯身检查液压缸上的每一枚螺丝。十多分钟过去了，两个人都已满头大汗。从设备下钻出来的高向辉，不停用手敲打着腰部。因为常年在水库负责机电设备维护和检修，高向辉落下了腰椎间盘突出的病根，赶上阴雨天走路都费劲，可他却从未耽误过工作，总是带头往前冲。

不仅闸门班组在忙碌，机电运行处的另一组人员也马不停蹄地进行着检修作业。"远处走过来的是电工班巡检员，不管刮风下雨还是烈日高照，他们每天都要在这条路上检修配电线路和设备。"郭文宇介绍，他们处室有15名职工，从进入主汛期开始，全部坚守在防汛一线，确保机电设备、闸门启闭机启闭灵活、运用自如，能够及时准确执行上级调度命令。

其实，每年进入主汛期后，不仅机电运行处职工 24 小时待命，黄壁庄水库事务中心近 160 名职工也全部取消休假，全员在岗待命。这份工作无疑是辛苦的，但在这些水库职工看来，能够守护一方平安，再苦再累也是值得的。

习题 5

一、填空题

1. 控制液压油洁净程度的最有效方法就是采用（　　　），其主要功用就是对液压油进行过滤，控制油液的洁净程度。
2. 蓄能器是储存压力油的一种容器。它在系统中的作用是（　　　　　　）。
3. 油箱的功用主要是（　　　　）和（　　　　　），在液压系统中油箱结构主要有两种，即（　　　　）和（　　　　　）。
4. 液压系统中常用的两种热交换器是（　　　　　）和（　　　　）。

二、简答题

1. 滤油器有哪些类型？如何选用滤油器？滤油器一般安装在什么位置？
2. 常用的蓄能器有哪些类型？使用和安装蓄能器时需要注意哪些问题？
3. 油箱的作用有哪些？设计油箱时需要考虑哪些问题？
4. 热交换器在液压系统中有什么作用？
5. 常用的管接头有哪些，分别适用于什么场合？
6. 常用的密封装置有哪些，各有何特点？
7. 如何选用压力表的量程？如何保护压力表不因压力冲击而损坏？
8. 压力表出现哪些情况时应该停止使用？

项目 6　液压基本回路的工作原理及应用

随着工业现代化技术的发展,为完成各种不同的控制功能,机械设备的液压传动系统有不同的组成形式,有些液压传动系统甚至很复杂。但是,不论其复杂程度如何,总是由一些能完成一定功能的常用基本回路组成。

所谓基本回路,就是由相关元件组成的用来完成特定功能的典型管路结构,它是液压传动系统的基本组成单元。按完成的功能不同,液压基本回路分为以下几类:

(1)方向控制回路,有换向回路、锁紧回路等。

(2)压力控制回路,有调压回路、保压回路、减压回路、卸荷回路、平衡回路等。

(3)速度控制回路,有调速回路、快速回路、速度转换回路等。

(4)多缸工作控制回路,有顺序回路、同步回路、互锁回路、多缸互不干扰回路等。

了解和熟悉这些常用的基本回路,对于正确分析各种液压回路的工作原理,掌握液压回路的功能,阅读液压系统图和设计液压系统都有十分重要的意义。

项目 6

知识目标

1. 掌握液压基本回路的组成；
2. 掌握液压基本回路的分析方法；
3. 掌握方向控制回路的工作原理及其应用；
4. 掌握压力控制回路的工作原理及其应用；
5. 掌握速度控制回路的工作原理及其应用；
6. 掌握顺序控制回路的工作原理及其应用。

技能目标

1. 能正确识读液压系统原理图；
2. 能完成方向控制回路的安装与调试；
3. 能完成压力控制回路的安装与调试；
4. 能完成速度控制回路的安装与调试；
5. 能完成顺序控制回路的安装与调试。

素质目标

1. 树立标准意识；
2. 养成独立思考与分析问题的能力；
3. 培养严谨认真、科学务实的工作态度；
4. 培养勇于探索、敢为人先的创新精神；
5. 养成执着专注、精益求精的工匠精神。

任务 1　方向控制回路的工作原理及应用

在液压系统中,控制执行元件的启动、停止及换向作用的回路,称为方向控制回路。方向控制回路主要有换向回路和锁紧回路。

1. 换向回路

运动部件的换向,一般可采用各种换向阀来实现。在容积调速的闭式回路中,也可以利用双向变量泵控制油流的方向来实现液压缸(或液压马达)的换向。

1)采用换向阀的换向回路

依靠重力或弹簧返回的单作用液压缸,可以采用二位三通换向阀进行换向。双作用液压缸的换向,一般都可采用二位四通(或五通)及三位四通(或五通)换向阀来进行换向,按不同用途还可选用各种不同的控制方式的换向回路。

电磁换向阀的换向回路应用最为广泛,尤其在自动化程度要求较高的组合机床液压系统中被普遍采用,这种换向回路曾多次出现于上面许多回路中,这里不再赘述。对于流量较大和换向平稳性要求较高的场合,电磁换向阀的换向回路已不能适应上述要求,往往采用手动换向阀或机动换向阀作先导阀,而以液动换向阀为主阀的换向回路,或者采用电液动换向阀的换向回路。

图 6-1 所示为手动转阀(先导阀)控制液动换向阀的换向回路。回路中用辅助泵 2 提供低压控制油,通过手动先导阀 3(三位四通转阀)来控制液动换向阀 4 的阀芯移动,实现主油路的换向,当先导阀 3 在右位时,控制油进入液动换向阀 4 的左端,右端的油液经转阀回油箱,使液动换向阀 4 左位接入工件,活塞下移。当先导阀 3 切换至左位时,即控制油使液动换向阀 4 换向,活塞向上退回。当先导阀 3 中位时,液动换向阀 4 两端的控制油通油箱,在弹簧力的作用下,其阀芯回复到中位,主泵 1 卸荷。这种换向回路,常用于大型液压机上。

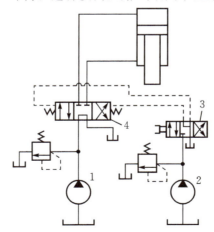

1—主泵;2—辅助泵;3—先导阀;4—液动换向阀。

图 6-1　先导阀控制液动换向阀的换向回路

在液动换向阀的换向回路或电液动换向阀的换向回路中,控制油液除了用辅助泵供给外,在一般的系统中也可以把控制油路直接接入主油路。但是,当主阀采用 M 型或 H 型中位机能时,必须在回路中设置背压阀,保证控制油液有一定的压力,以控制换向阀阀芯的移动。

在机床夹具、油压机和起重机等不需要自动换向的场合,常常采用手动换向阀来进行换向。

2) 采用双向变量泵的换向回路

用双向变量泵既可控制液压缸活塞的运动速度,又可以使活塞换向,且换向平稳。在闭式回路中可用双向变量泵变更供油方向来直接实现液压缸(马达)换向。如图 6-2 所示为采用双向变量泵的换向回路,执行元件是单杆双作用液压缸 5,活塞向右运动时,其进油流量大于排油流量,双向变量泵 1 吸油侧流量不足,可用辅助泵 2 通过单向阀 3 来补充;变更双向变量泵 1 的供油方向,活塞向左运动时,排油流量大于进油流量,泵 1 吸油侧多余的油液通过由缸 5 进油侧压力控制的二位二通阀 4 和溢流阀 6 排回油箱;溢流阀 6 和 8 既可使活塞向左或向右运动时泵吸油侧有一定的吸入压力,又可使活塞运动平稳。溢流阀 7 是防止系统过载的安全阀。这种回路适用于压力较高、流量较大的场合。

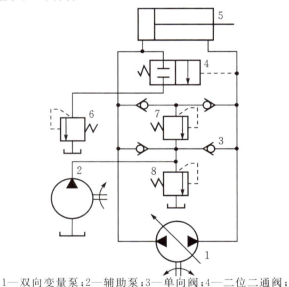

1—双向变量泵;2—辅助泵;3—单向阀;4—二位二通阀;
5—单杆双作用液压缸;6,7,8—溢流阀。

图 6-2 采用双向变量泵的换向回路

2. 锁紧回路

为了使工作部件能在任意位置上停留,以及在停止工作时,防止在受力的情况下发生移动,可以采用锁紧回路。

1) 液控单向阀锁紧回路

图 6-3 是采用液控单向阀的锁紧回路。在液压缸的进、回油路中都串接液控单向阀(又称液压锁),活塞可以在行程的任何位置锁紧。其锁紧精度只受液压缸内少量的内泄漏影响,因此,锁紧精度较高。采用液控单向阀的锁紧回路,换向阀的中位机能应使液控单向阀的控制油液卸压(换向阀采用 H 型或 Y 型),此时,液控单向阀便立即关闭,活塞停止运动。假如采用 O 型机能,在换向阀中位时,由于液控单向阀的控制腔压力油被闭死而不能使其立即关闭,直至由换向阀的内泄漏使控制腔泄压后,液控单向阀才能关闭,影响其锁紧精度。

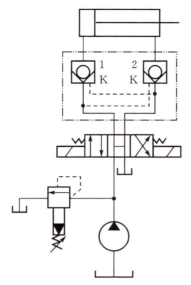

图 6-3 采用液控单向阀的锁紧回路

2) 换向阀锁紧回路

采用换向阀的锁紧回路是指采用 O 型或 M 型机能的三位换向阀,当阀芯处于中位时,液压缸的进、出口都被封闭,可以将活塞锁紧,这种锁紧回路由于受到滑阀泄漏的影响,锁紧效果较差。图 6-4 所示为采用换向阀的锁紧回路,其中图 6-4(a)是利用了三位四通换向阀的 O 型中位机能,图 6-4(b)是利用了三位四通换向阀的 M 型中位机能,当阀芯处于中位时,液压缸的进、出口都被封闭,活塞锁紧。

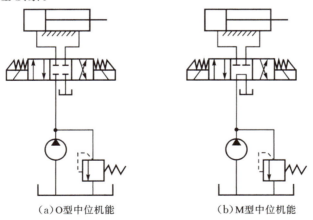

(a) O 型中位机能　　　　　　(b) M 型中位机能

图 6-4 换向阀锁紧回路

▶ 任务 2　压力控制回路的工作原理及应用

压力控制回路是用压力阀来控制和调节液压系统主油路或某一支路的压力,以满足执行元件速度换接回路所需的力或力矩的要求。利用压力控制回路可实现对系统进行调压(稳压)、减压、增压、卸荷、保压与平衡等各种控制。

1. 调压回路

当液压系统工作时,液压泵应向系统提供所需压力的液压油,同时又能节省能源,减少油液发热,提高执行元件运动的平稳性。所以,应设置调压或限压回路。当液压泵一直工作在系统的调定压力时,就要通过溢流阀调节并稳定液压泵的工作压力。在变量泵系统中或旁路节流调速系统中用溢流阀(当安全阀用)限制系统的最高安全压力。系统在不同的工作时间内需要有不同的工作压力,可采用二级或多级调压回路。下面介绍三种调压回路,如图6-5所示。

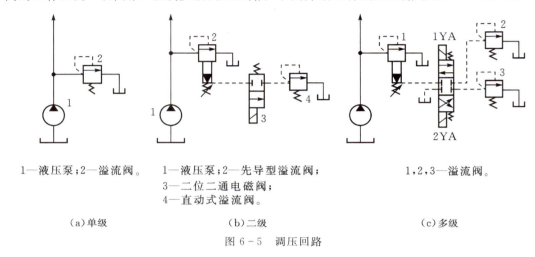

1—液压泵;2—溢流阀。 　　1—液压泵;2—先导型溢流阀; 　　1,2,3—溢流阀。
　　　　　　　　　　　　3—二位二通电磁阀;
　　　　　　　　　　　　4—直动式溢流阀。

(a)单级　　　　　　　　　(b)二级　　　　　　　　　(c)多级

图6-5　调压回路

1)单级调压回路

如图6-5(a)所示,通过液压泵1和溢流阀2的并联连接,即可组成单级调压回路。通过调节溢流阀的压力,可以改变泵的输出压力。当溢流阀的调定压力确定后,液压泵就在溢流阀的调定压力下工作。从而实现了对液压系统进行调压和稳压控制。如果将液压泵1改换为变量泵,这时溢流阀将作为安全阀来使用,液压泵的工作压力低于溢流阀的调定压力,这时溢流阀不工作,当系统出现故障,液压泵的工作压力上升时,一旦压力达到溢流阀的调定压力,溢流阀将开启,并将液压泵的工作压力限制在溢流阀的调定压力下,使液压系统不至因压力过载而受到破坏,从而保护了液压系统。

2)二级调压回路

图6-5(b)所示为二级调压回路,该回路可实现两种不同的系统压力控制。由先导型溢流阀2和直动式溢流阀4各调一级,当二位二通电磁阀3处于图示位置时系统压力由阀2调定,当阀3得电时,系统压力由阀4调定,但要注意:阀4的调定压力一定要小于阀2的调定压力,否则不能实现;当系统压力由阀4调定时,先导型溢流阀2的先导阀口关闭,但主阀开启,液压泵的溢流流量经主阀回油箱,这时阀4亦处于工作状态,并有油液通过。

3)多级调压回路

图6-5(c)所示为三级调压回路,三级压力分别由溢流阀1、2、3调定,当电磁铁1YA、2YA失电时,系统压力由主溢流阀1调定。当1YA得电时,系统压力由阀2调定。当2YA得电时,系统压力由阀3调定。在这种调压回路中,阀2和阀3的调定压力要低于主溢流阀的调定压

力,而阀2和阀3的调定压力之间没有什么一定的关系。当阀2或阀3工作时,阀2或阀3相当于阀1上的另一个先导阀。

2. 减压回路

当泵的输出压力是高压而局部回路或支路要求低压时,可以采用减压回路,如机床液压系统中的定位、夹紧、分度回路以及液压元件的控制油路等,它们往往要求比主油路较低的压力。减压回路较为简单,一般是在所需低压的支路上串接减压阀。采用减压回路虽能方便地获得某支路稳定的低压,但压力油经减压阀口时要产生压力损失,这是它的缺点。

最常见的减压回路为通过定值减压阀与主油路相连,如图6-6(a)所示。回路中的单向阀为主油路压力降低(低于减压阀调整压力)时防止油液倒流,起短时保压作用,减压回路中也可以采用类似两级或多级调压的方法获得两级或多级减压。图6-6(b)所示为利用先导型减压阀1的远控口接一远控溢流阀2,则可由阀1、阀2各调得一种低压。但要注意,阀2的调定压力值一定要低于阀1的调定减压值。

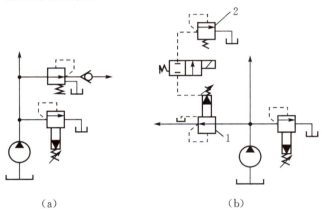

1—先导型减压阀;2—远控溢流阀。

图6-6 减压回路

为了使减压回路工作可靠,减压阀的最低调整压力不应小于0.5 MPa,最高调整压力至少应比系统压力小0.5 MPa。当减压回路中的执行元件需要调速时,调速元件应放在减压阀的后面,以避免减压阀泄漏(指由减压阀泄油口流回油箱的油液)对执行元件的速度产生影响。

3. 增压回路

如果系统或系统的某一支油路需要压力较高但流量又不大的压力油,而采用高压泵又不经济,或者根本就没有必要增设高压力的液压泵时,就常采用增压回路(见图6-7),这样不仅易于选择液压泵,而且系统工作较可靠,噪声小。增压回路中提高压力的主要元件是增压缸或增压器。

1) 单作用增压缸的增压回路

图6-7(a)所示为利用增压缸的单作用增压回路,当系统在图示位置工作时,系统的供油压力 p_1 进入增压缸的大活塞腔,此时在小活塞腔即可得到所需的较高压力 p_2;当二位四通电磁换向阀右位接入系统时,增压缸返回,辅助油箱中的油液经单向阀补入小活塞。因而该回路只能间歇增压,所以称之为单作用增压回路。

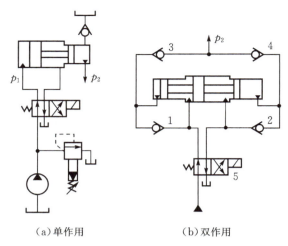

(a) 单作用　　　　(b) 双作用

1,2,3,4—单向阀；5—换向阀。

图6-7　增压回路

2）双作用增压缸的增压回路

如图6-7（b）所示的采用双作用增压缸的增压回路,能连续输出高压油,在图示位置,液压泵输出的压力油经换向阀5和单向阀1进入增压缸左端大、小活塞腔,右端大活塞腔的回油通油箱,右端小活塞腔增压后的高压油经单向阀4输出,此时单向阀2、3被关闭。当增压缸活塞移到右端时,换向阀得电换向,增压缸活塞向左移动。同理,左端小活塞腔输出的高压油经单向阀3输出,这样,增压缸的活塞不断往复运动,两端便交替输出高压油,从而实现了连续增压。

4. 卸荷回路

卸荷的方法很多,这里介绍两种简单的卸荷回路。

1）用三位换向阀使泵卸荷的回路

M型、H型和K型中位机能的三位换向阀处于中位时,泵即卸荷。图6-8所示为采用M型中位机能的电液换向阀的卸荷回路,当换向阀在中间位置时,液压泵可通过换向阀直接连通油箱,这种卸荷方法比较简单。

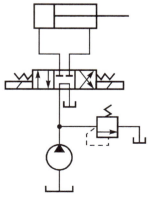

图6-8　用三位换向阀使泵卸荷的回路

2)用二位二通换向阀使泵卸荷的回路

图 6-9 所示为用二位二通电磁阀使泵卸荷的回路。当系统工作时,二位二通电磁阀通电,卸荷油路断开,泵输出的压力油进入系统。当工作部件停止运动后,使二位二通电磁阀断电,这时,泵输出的油液通过它就流回油箱,实现卸荷。

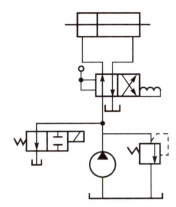

图 6-9　用二位二通换向阀使泵卸荷的回路

5. 保压回路

在液压系统中,常要求液压执行机构在一定的行程位置上停止运动或在有微小的位移下稳定地维持住一定的压力,这就要采用保压回路。最简单的保压回路是密封性能较好的液控单向阀的回路,但是,阀类元件处的泄漏使得这种回路的保压时间不能维持太久。常用的保压回路有以下几种。

1)利用液压泵的保压回路

利用液压泵的保压回路也就是在保压过程中,液压泵仍以较高的压力(保压所需压力)工作,此时,若采用定量泵则压力油几乎全经溢流阀流回油箱,系统功率损失大,易发热,故只在小功率的系统且保压时间较短的场合下才使用;若采用变量泵,在保压时泵的压力较高,但输出流量几乎等于零,因而,液压系统的功率损失小,这种保压方法能随泄漏量的变化而自动调整输出流量,因而其效率也较高。

2)利用蓄能器的保压回路

图 6-10 所示为利用蓄能器的保压回路。如图 6-10(a)所示的回路,当三位四通电磁换向阀 7 在左位工作时,液压缸 8 向右运动且压紧工件 9,进油路压力升高至调定值,压力继电器 5 动作使二位二通电磁阀 4 通电,液压泵 1 即卸荷,单向阀 2 自动关闭,液压缸则由蓄能器 6 保压。液压缸压力不足时,压力继电器复位使泵重新工作。保压时间的长短取决于蓄能器容量,调节压力继电器的工作区间即可调节缸中压力的最大值和最小值。

图 6-10(b)所示为多缸系统中的保压回路,这种回路当主油路压力降低时,单向阀 3 关闭,支路由蓄能器保压补偿泄漏。压力继电器 5 的作用是当支路压力达到预定值时发出信号,使主油路开始动作。

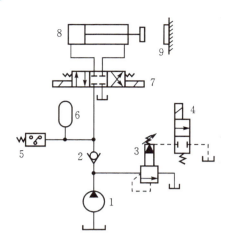
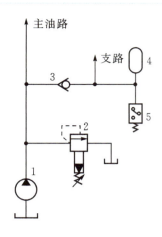

1—液压泵；2—单向阀；3—先导式溢流阀；
4—二位二通电磁阀；5—压力继电器；6—蓄能器；
7—三位四通电磁换向阀；8—液压缸；9—工件。

(a) 单缸系统

1—液压泵；2—溢流阀；3—单向阀；
4—蓄能器；5—压力继电器。

(b) 多缸系统

图 6-10 利用蓄能器的保压回路

3) 自动补油保压回路

图 6-11 所示为采用液控单向阀和电接触式压力表的自动补油保压回路，其工作原理为：当 1YA 得电，换向阀右位接入回路，液压缸上腔压力上升至电接触式压力表的上限值时，上触点接电，使电磁铁 1YA 失电，换向阀处于中位，液压泵卸荷，液压缸由液控单向阀保压。当液压缸上腔压力下降到预定下限值时，电接触式压力表又发出信号，使 1YA 得电，液压泵再次向系统供油，使压力上升。当压力达到上限值时，上触点又发出信号，使 1YA 失电。因此，这一回路能自动地使液压缸补充压力油，使其压力能长期保持在一定范围内。

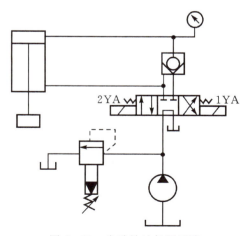

图 6-11 自动补油保压回路

6. 平衡回路

平衡回路的功用在于防止垂直或倾斜放置的液压缸和与之相连的工作部件因自重而自行下落。图6-12(a)所示为采用单向顺序阀的平衡回路,当1YA得电后活塞下行时,回油路上就存在着一定的背压;只要将这个背压调得能支承住活塞和与之相连的工作部件自重,活塞就可以平稳地下落。当换向阀处于中位时,活塞就停止运动,不再继续下移。这种回路当活塞向下快速运动时功率损失大,锁住时活塞和与之相连的工作部件会因单向顺序阀和换向阀的泄漏而缓慢下落,因此它只适用于工作部件重量不大、活塞锁住时定位要求不高的场合。

图6-12(b)为采用液控顺序阀的平衡回路。当活塞下行时,控制压力油打开液控顺序阀,背压消失,因而回路效率较高;当停止工作时,液控顺序阀关闭以防止活塞和工作部件因自重而下降。这种平衡回路的优点是只有上腔进油时活塞才下行,比较安全可靠;缺点是,活塞下行时平稳性较差。这是因为活塞下行时,液压缸上腔油压降低,将使液控顺序阀关闭。当顺序阀关闭时,因活塞停止下行,使液压缸上腔油压升高,又打开液控顺序阀。因此液控顺序阀始终工作于启闭的过渡状态,因而影响工作的平稳性。这种回路适用于运动部件重量不很大、停留时间较短的液压系统中。

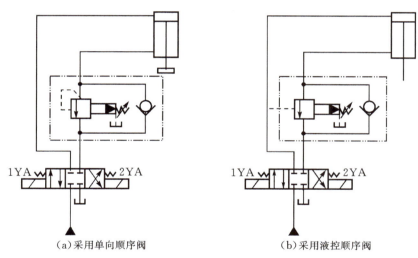

(a)采用单向顺序阀　　　(b)采用液控顺序阀

图6-12　采用顺序阀的平衡回路

任务3　速度控制回路的工作原理及应用

速度控制回路在液压系统中应用十分普遍,它包括各种形式的调速回路、增速回路和速度换接回路等。

6.3.1　调速回路

由式 $v=q/A$ 和 $n=q/V$ 可知,液压缸的有效面积 A 改变较难,故合理的调速途径是改变流量 q(用流量阀或用变量泵)或改变排量 V(用变量马达)。因此调速回路有节流调速、容积调速和容积节流调速三种。对调速的要求是调速范围大、调好后的速度稳定性好和效率高。

1. 节流调速回路

节流调速回路的工作原理是通过改变回路中流量控制元件(节流阀和调速阀)通流截面积的大小来控制流入执行元件或自执行元件流出的流量,以调节其运动速度。这种回路的优点是结构简单,成本低,使用维护方便,所以在机床液压系统中得到广泛的应用。但是由于液流通过较大的液阻,产生较大的能量损失,效率低,发热大,所以一般多用于功率不大的场合,例如用于各类机床的进给传动装置中。

节流调速回路,按照流量阀安装位置的不同,有进油路节流调速、回油路节流调速和旁油路节流调速三种。下面对常用的前面两种基本回路进行简要分析,并提出改善回路工作性能的措施。

1)进油路节流调速回路

图 6-13 所示是将节流阀安装在液压缸的进油路上,这就是进油路节流调速回路。

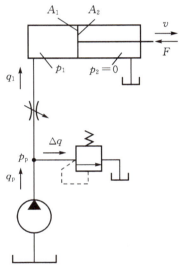

图 6-13 进油路节流调速回路

定量泵输出的流量 q_p,一部分 q_1 通过节流阀进入液压缸,一部分 Δq 通过溢流阀流回油箱。溢流阀在这里起稳压作用,回路正常工作时,溢流阀是打开的,稳定泵的出口压力。在这种回路中,节流阀放置在液压缸的进油路上,故调节节流口大小,可以调节进入液压缸进油腔的流量,从而调节液压缸运动速度。

2)回油路节流调速回路

图 6-14 所示是将节流阀装在液压缸的回油路上,这是回油路节流调速回路,由定量泵、溢流阀、节流阀和液压缸组成。

定量泵输出的流量 q_p,一部分 q_1 进入液压缸,一部分 Δq 通过溢流阀流回油箱。溢流阀在这里起稳压作用,回路正常工作时,溢流阀是打开的,稳定泵的出口压力。在这种回路中,缸的进油压力 p_1 等于泵的供油压力 p_p,节流阀放置在液压缸的回油路上,故调节节流口大小,可以调节液压缸回油腔排出的流量,从而调节液压缸运动速度。

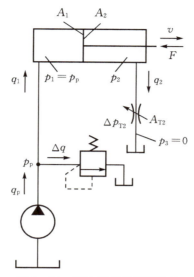

图 6-14 回油路节流调速回路

在进、回油路节流调速回路中,定量泵的压力由溢流阀调定,液压缸的速度由流量阀开口大小来控制,泵有多余的流量,由溢流阀流回油箱。

回油路节流调速的基本性能和进油路节流调速相同,其不同之点如下:

(1) 回油路节流调速回路因节流阀使缸的回油腔产生背压,故运动比较平稳。

(2) 进油路节流调速回路较易实现压力控制。因为当工作部件在行程终点碰到死挡块以后,缸的进油腔油压会上升到等于泵压,利用这个压力变化,可使并接于此处的压力继电器发讯,对系统的下步动作实现控制。而在回油路节流调速,进油腔压力没有变化,不易实现压力控制。虽然工作部件碰到死挡块后,缸的回油腔油压力下降为零,可以利用这个变化值使压力继电器失压发信,但电路比较复杂,且可靠性也不高。

(3) 若回路使用单杆缸,则无杆腔进油量大于有杆腔回油量。故在缸径、活塞运动速度相同的情况下,进油路节流调速回路的节流阀开口较大,低速时不易堵塞。因此,进油路节流调速回路低速时能获得更稳定的速度。

为提高回路的综合性能,实践中常采用进油路节流调速回路,并在回油路上加背压阀(用溢流阀、顺序阀或装有弹簧的单向阀均可),因而兼具了两回路的优点。

3) 旁路节流调速回路

旁路节流调速回路由定量泵、安全阀、液压缸和节流阀组成,节流阀安装在与液压缸并联的旁油路上,其调速原理如图 6-15 所示。

定量泵输出的流量 q_p,一部分 q_1 进入液压缸,一部分 q_T 通过节流阀流回油箱。溢流阀在这里起安全作用,回路正常工作时,溢流阀不打开,当供油压力超过正常工作压力时,溢流阀才打开,以防过载。溢流阀的调节压力应大于回路正常工作压力,在这种回路中,缸的进油压力 p_1 等于泵的供油压力 p_p,溢流阀的调节压力一般为缸克服最大负载所需的工作压力的 1.1~1.3 倍。

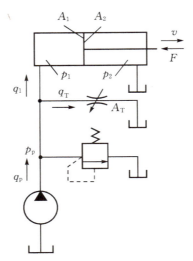

图 6-15　旁油路节流调速回路

2. 容积调速回路

用变量泵或变量马达实现调速的回路称为容积调速回路。根据变量泵和变量马达组合形式的不同,容积调速回路分为变量泵调速回路、变量马达调速回路和变量泵-变量马达调速回路三种,如图 6-16 所示。

图 6-16(a)所示为变量泵调速回路。变量泵输出的压力油全部进入液压缸中,推动活塞运动。调节泵的输出流量,即可调节活塞运动的速度。系统中的溢流阀起安全保护作用,在系统过载时才打开溢流。

在变量泵调速回路中,若执行机构为定量马达,则当调节泵的流量时,马达的转速也同样可以得到调节。

图 6-16(b)所示为定量泵调速回路。定量泵输出的压力油全部进入液压马达,输入流量是不变的。若改变液压马达的排量,则可调节它的输出转速。

图 6-16(c)所示为变量泵-变量马达调速回路,它是上述两种回路的组合,调速范围较大。

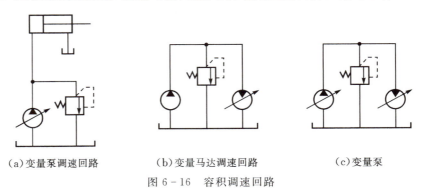

(a)变量泵调速回路　　　(b)变量马达调速回路　　　(c)变量泵

图 6-16　容积调速回路

与节流调速相比较,容积调速的主要优点是压力和流量的损耗小,发热少;但缺点是难以获得较高的运动平稳性,且变量泵和变量马达的结构复杂,价格较贵。

3. 容积节流调速回路

用变量泵和流量阀相配合来进行调速的方法,称为容积节流调速。这里介绍机床进给液压系统中常用的一种容积节流调速回路——用限压式变量叶片泵和调速阀的调速回路。

如图 6-17 所示,调节调速阀的节流开口大小,就能改变进入液压缸的流量,因而可以调节液压缸的运动速度。假设回路中的调速阀所调定的流量为 q_1,泵的流量为 q_p,且有 $q_p > q_1$。由于在泵的出口油路中,多余的油液没有去处,势必使泵和调速阀之间的油路压力升高,迫使泵的流量自动减小,直到 $q_p = q_1$ 为止,回路便在这一稳定状态下工作。

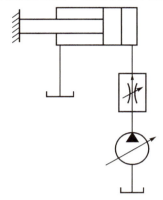

图 6-17 用限压式变量叶片泵和调速阀的调速回路

可见,在容积节流调速回路中,泵的输油量与系统的需油量是相适用的,因此效率高,发热少;同时,由于进入液压缸的流量能保持恒定,活塞运动速度基本上不随负载变化,因而运动平稳。故容积节流调速回路兼具了节流调速回路和容积节流调速回路二者的优点。

6.3.2 快速运动回路

快速运动回路的功用在于使执行元件获得必要的高速,以提高系统的工作效率或充分利用能源,故也称为增速回路。按照增速方法的不同,有多种增速回路,如双泵供油增速回路、液压缸差动连接增速回路、变量泵供油增速回路、蓄能器供油增速回路等。

1. 液压缸差动连接快速运动回路

如图 6-18 所示的差动连接回路,当处于图示位置时,两位三通换向阀失电,其右位接入系统,单杆液压缸差动连接快速运动。当两位三通阀通电后,差动连接被切除。

差动快进简单易行,是机床常用的一种增速方法。

2. 双泵供油快速运动回路

双泵供油快速运动回路是利用低压大流量泵和高压小流量泵并联为系统供油,回路见图 6-19。图中 1 为高压小流量泵,用以实现工作进给运动。2 为低压大流量泵,用以实现快速运动。在快速运动时,液压泵 2 输出的油经单向阀 4 和液压泵 1 输出的油共同向系统供油。在工作进给时,系统压力升高,打开液控顺序阀(卸荷阀)3 使液压泵 2 卸荷,此时单向阀 4 关闭,由液压泵 1 单独向系统供油。溢流阀 5 控制液压泵 1 的供油压力是根据系统所需最大工作压力来调节的,而卸荷阀 3 使液压泵 2 在快速运动时供油,在工作进给时则卸荷,因此它的调整压力应比快速运动时系统所需的压力要高,但比溢流阀 5 的调整压力低。

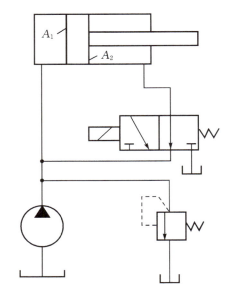

图 6-18 液压缸差动连接快速运动回路

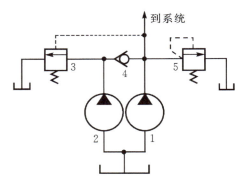

1—高压小流量泵；2—低压大流量泵；3—顺序阀；4—单向阀；5—溢流阀。

图 6-19 双泵供油快速运动回路

双泵供油回路功率利用合理、效率高，并且速度换接较平稳，在快、慢速度相差较大的机床中应用很广泛，缺点是要用一个双联泵，油路系统也稍复杂。

3. 采用增速缸的快速运动回路

图 6-20 所示为采用增速缸的快速运动回路，在这个回路中，当三位四通换向阀左位得电而工作时，压力油经增速缸中的柱塞 1 的孔进入 B 腔，使活塞 2 伸出，获得快速。A 腔中所需油液经液控单向阀 3 从辅助油箱吸入，活塞 2 伸出到工作位置时由于负载加大，压力升高，打开顺序阀 4，高压油进入 A 腔，同时关闭单向阀。此时活塞杆 B 在压力油作用下继续外伸，但因有效面积加大，速度变慢而使推力加大，这种回路常被用于液压机的系统中。

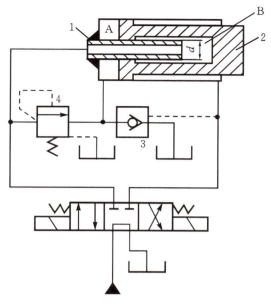

1—柱塞；2—活塞；3—单向阀；4—顺序阀。

图 6-20 采用增速缸的快速运动回路

6.3.3 速度换接回路

能使执行元件依次实现几种速度转换的液压回路，称为速度换接回路。

1. 用行程阀的速度换接回路

图 6-21 是用单向行程节流阀换接快速运动（简称快进）和工作进给运动（简称工进）的速度换接回路。在图示位置液压缸 3 右腔的回油可经行程阀 4 和换向阀 2 流回油箱，使活塞快速向右运动。当快速运动到达所需位置时，活塞上挡块压下行程阀 4，将其通路关闭，这时液压缸 3 右腔的回油就必须经过节流阀 6 流回油箱，活塞的运动转换为工作进给运动（简称工进）。当操纵换向阀 2 使活塞换向后，压力油可经换向阀 2 和单向阀 5 进入液压缸 3 右腔，使活塞快速向左退回。

在这种速度换接回路中，因为行程阀的通油路是由液压缸活塞的行程控制阀芯移动而逐渐关闭的，所以换接时的位置精度高，冲出量小，运动速度的变换也比较平稳。这种回路在机床液压系统中应用较多，它的缺点是行程阀的安装位置受一定限制（要由挡铁压下），所以有时管路连接稍复杂。行程阀也可以用电磁换向阀来代替，这时电磁阀的安装位置不受限制（挡铁只需要压下行程开关），但其换接精度及速度变换的平稳性较差。

2. 采用电磁阀的速度换接回路

图 6-22 所示为采用电磁阀的速度换接回路，图中与调速阀并联了一个二位二通电磁阀。当二位二通电磁阀通电时，调速阀被短接，活塞得到快速运动（快进或快退）；当二位二通电磁阀断电时，液压缸回油经过调速阀流回油箱，流量受到控制，从而慢速运动。这种回路比较简单，液压元件的布置也较方便。

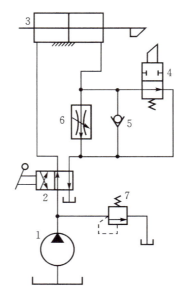

1—液压泵；2—换向阀；3—液压缸；4—行程阀；
5—单向阀；6—调速阀；7—溢流阀。

图 6-21　用行程阀的速度换接回路

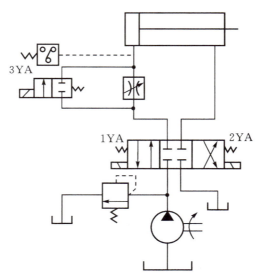

图 6-22　用电磁阀的快慢速换接回路

3. 两种慢速的换接回路

这里介绍用两个调速阀实现速度换接的方法。

图 6-23 所示为两调速阀串联的两工进速度换接的回路。当阀 1 在左位工作且阀 3 断开时，控制阀 2 的通或断，使油液经调速阀 A 或既经 A 又经 B 才能进入液压缸左腔，从而实现第一次工进或第二次工进。但阀 B 的开口需调得比 A 小，即二工进速度必须比一工进速度低；此外，二工进时油液流经两个调速阀，能量损失较大。

项目6 液压基本回路的工作原理及应用

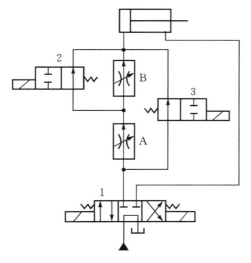

1—三位四通电磁换向阀；2,3—二位二通电磁换向阀。

图 6-23 二调速阀串联的两工进速度换接回路

图 6-24（a）所示为二调速阀并联的两工进速度换接回路，主换向阀 1 在左位或右位工作时，缸做快进或快退运动。当主换向阀 1 在左位工作时，并使阀 2 通电，根据阀 3 不同的工作位置，进油需经调速阀 A 或 B 才能进入缸内，便可实现第一次工进和第二次工进速度的换接。两个调速阀可单独调节，两速度互不限制。但当一阀工作时，另一阀没有油液通过，其内的减压阀处于非工作状态，减压阀口将完全打开。一旦换接，油液大量流经此阀，缸会发生前冲现象。若将第二调速阀如图 6-24（b）方式并联，则不会发生液压缸前冲现象。

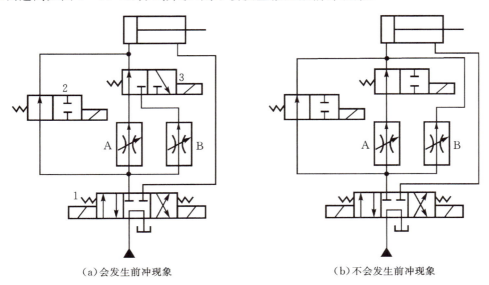

（a）会发生前冲现象　　　　　　　（b）不会发生前冲现象

1—三位四通电磁换向阀；2—二位二通电磁换向阀；3—二位三通电磁换向阀。

图 6-24 二调速阀并联的两工进速度换接回路

任务 4　多缸工作控制回路的工作原理及应用

在多缸工作系统中,各液压缸之间往往要求按一定的顺序动作,或者要求有同步动作,或者要求各缸动作互不干扰,这时可相应采用顺序回路、同步回路、互不干扰回路。

6.4.1　顺序动作回路

在多缸液压系统中,液压缸往往需要按照一定的要求顺序动作。例如,自动车床中刀架的纵横向运动,夹紧机构的定位和夹紧等。顺序动作回路的功用在于使几个执行元件严格按照预定顺序依次动作。顺序动作回路按其控制方式不同,分为压力控制、行程控制和时间控制三类,其中前两类用得较多。下面主要讲述压力控制、行程控制这两种顺序动作回路。

1. 用压力控制的顺序动作回路

压力控制就是利用油路本身的压力变化来控制液压缸的先后动作顺序,它主要利用压力继电器和顺序阀来控制顺序动作。

1）用压力继电器控制的顺序回路

压力继电器控制顺序动作是用压力继电器控制电磁换向阀来实现顺序动作的。图 6 - 25 是机床的夹紧、进给系统,要求的动作顺序是:先将工件夹紧,然后动力滑台进行切削加工,动作循环开始时,二位四通电磁阀处于图示位置,液压泵输出的压力油进入夹紧缸的右腔,左腔回油,活塞向左移动,将工件夹紧。夹紧后,液压缸右腔的压力升高,当油压超过压力继电器的调定值时,压力继电器发出信号,指令电磁阀的电磁铁 2DT、4DT 通电,进给液压缸动作。油路中

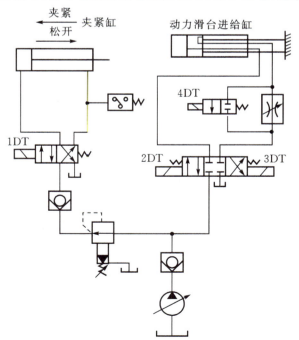

图 6 - 25　压力继电器控制的顺序回路

要求先夹紧后进给,工件没有夹紧则不能进给,这一严格的顺序是由压力继电器保证的。压力继电器的调整压力应比减压阀的调整压力低 $3×10^5 \sim 5×10^5$ Pa。

2) 用顺序阀控制的顺序动作回路

图 6-26 是采用两个单向顺序阀的压力控制顺序动作回路。其中单向顺序阀 4 控制两液压缸前进时的先后顺序,单向顺序阀 3 控制两液压缸后退时的先后顺序。当电磁换向阀通电时,压力油进入液压缸 1 的左腔,右腔经阀 3 中的单向阀回油,此时由于压力较低,顺序阀 4 关闭,缸 1 的活塞先动。当液压缸 1 的活塞运动至终点时,油压升高,达到单向顺序阀 4 的调定压力时,顺序阀开启,压力油进入液压缸 2 的左腔,右腔直接回油,缸 2 的活塞向右移动。当液压缸 2 的活塞右移达到终点后,电磁换向阀断电复位,此时压力油进入液压缸 2 的右腔,左腔经阀 4 中的单向阀回油,使缸 2 的活塞向左返回,到达终点时,压力油升高打开顺序阀 3 再使液压缸 1 的活塞返回。

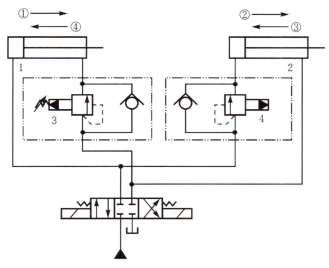

1,2—液压缸;3,4—单向顺序阀。

图 6-26 顺序阀控制的顺序回路

这种顺序动作回路的可靠性,在很大程度上取决于顺序阀的性能及其压力调整值。顺序阀的调整压力应比先动作的液压缸的工作压力高 $8×10^5 \sim 10×10^5$ Pa,以免在系统压力波动时,发生误动作。

2. 用行程控制的顺序动作回路

行程控制顺序动作回路是利用工作部件到达一定位置时,发出讯号来控制液压缸的先后动作顺序,它可以利用行程开关、行程阀或顺序缸来实现。

在图 6-27 所示的回路中,用四个电气行程开关和两个电磁铁实现 A、B 两缸的顺序动作控制。当按下电钮使电磁铁 1YA 通电以后,液压泵的油进入 A 缸的左腔,实现动作 1。当 A 缸活塞所连接的挡块压下行程开关 1ST 时,电磁铁 2YA 通电,液压泵的油又进入 B 缸的左腔,实现动作 2。当 B 缸活塞的挡块压下行程开关 2ST 时,电磁铁 1YA 断电,液压泵的油又进入 A 缸的右腔,实现动作 3。当 A 缸活塞的挡块压下行程开关 3ST 时,电磁铁 2YA 断电,液压泵的油又进入 B 缸的右腔,活塞亦返回,实现动作 4。当 B 缸活塞的挡块压下行程开关 4ST 时,可使 1YA 重新通电,继而进行下一个顺序动作。

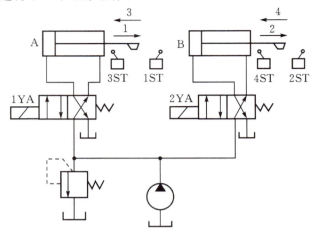

图 6-27　用行程开关和电磁阀的顺序回路

6.4.2　同步回路

同步回路是指使两个或两个以上的液压缸,在运动中保持相同位移或相同速度的回路。在一泵多缸的系统中,尽管液压缸的有效工作面积相等,但是由于运动中所受负载不均衡,摩擦阻力也不相等,泄漏量的不同以及制造上的误差等,不能使液压缸同步动作。同步回路的作用就是为了克服这些影响,补偿它们在流量上所造成的变化。

1. 串联液压缸的同步回路

图 6-28 所示是串联液压缸的同步回路。图中第一个液压缸回油腔排出的油液,被送入第二个液压缸的进油腔。如果串联油腔活塞的有效面积相等,便可实现同步运动。这种回路两缸能承受不同的负载,但泵的供油压力要大于两缸工作压力之和。

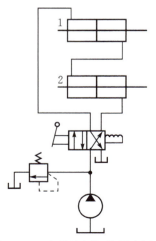

图 6-28　串联液压缸的同步回路

2. 带补偿措施的串联液压缸同步回路

由于泄漏和制造误差,影响了串联液压缸的同步精度,当活塞往复多次后,会产生严重的失调现象,为此要采取补偿措施。图 6-29 所示是两个单作用缸串联,并带有补偿装置的同步回路。为了达到同步运动,缸 1 有杆腔 A 的有效面积应与缸 2 无杆腔 B 的有效面积相等。在活塞下行的过程中,如液压缸 1 的活塞先运动到底,触动行程开关 1XK 发讯,使电磁铁 1DT 通电,此时压力油便经过二位三通电磁阀 3、液控单向阀 5,向液压缸 2 的 B 腔补油,使缸 2 的活塞继续运动到底。如果液压缸 2 的活塞先运动到底,触动行程开关 2XK,使电磁铁 2DT 通电,此时压力油便经二位三通电磁阀 4 进入液控单向阀的控制油口,液控单向阀 5 反向导通,使缸 1 能通过液控单向阀 5 和二位三通电磁阀 3 回油,使缸 1 的活塞继续运动到底,对失调现象进行补偿。

3. 用调速阀控制的同步回路

图 6-30 所示是两个并联的液压缸,分别用调速阀控制的同步回路。在两个并联液压缸的进(回)油路上分别串接一个单向调速阀,仔细调整两个调速阀的开口大小,控制进入两液压缸或自两液压缸流出的流量,可使它们在一个方向上实现速度同步。两个调速阀分别调节两缸活塞的运动速度,若两缸有效面积相等,则流量也调整得相同;若两缸面积不等,则改变调速阀的流量也能达到同步的运动。

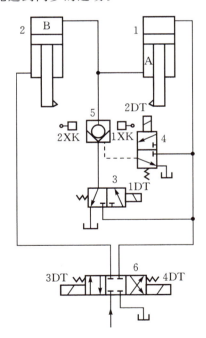

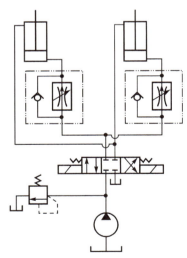

1,2—液压缸;3,4—二位三通电磁阀;5—液控单向阀;6—换向阀。

图 6-29 带补偿措施的串联液压缸同步回路　　　　图 6-30 调速阀控制的同步回路

用调速阀控制的同步回路,结构简单,并且可以调速,但是由于受到油温变化以及调速阀性能差异等影响,同步精度较低,一般在 5%～7%,不宜用于偏载或负载变化频繁的场合。

为了提高本回路的同步精度,可将两并联调速阀中的一个换成比例调速阀。当两缸出现位置误差时,检测装置发出信号,比例调速阀便立即自动调整开口,修正误差,即可保证同步。

6.4.3 互不干扰回路

在多缸液压系统中,往往由于一个液压缸的快速运动,流进大量油液,造成整个系统的压力下降,干扰了其他液压缸的慢速工作进给运动。因此,对于工作进给稳定性要求较高的多缸液压系统,必须采用互不干扰回路。

在图 6-31 所示的回路中,两液压缸各需完成快进、工进和快退的自动工作循环。回路采用双泵供油,泵 1 为较高压力的小流量泵,供给各缸工进时所需的压力油;泵 2 为较低压力的大流量泵,为各缸快速运动输送低压油。两泵的压力分别由溢流阀 3 和 4 调定。

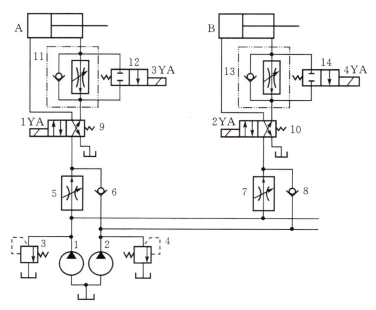

1—高压小流量泵;2—低压大流量泵;3,4—溢流阀;5,7—调速阀;
6,8—单向阀;9,10—四通阀;11,13—单向调速阀;12,14—二通阀。

图 6-31 互不干扰回路

当各电磁阀的电磁铁 1YA、2YA、3YA、4YA 同时通电时,四通阀 9 和 10 的左位接入油路,二通阀 12 和 14 右位接入油路,泵 2 输出的压力油经单向阀 6 和 8 进入两缸左腔,泵 1 则通过调速阀 5 和 7 向两缸左腔供油,此时两缸活塞快速前进。当行程挡块压下电气行程开关以后,3YA、4YA 断电,活塞的快进运动即转换为慢速工进运动,此时单向阀 6 和 8 关闭,工进所需压力油由泵 1 供给。如果两缸中的某一缸,例如 A 缸先转换为快速退回,即阀 9 失电换向,则泵 2 输出的油液经阀 6、阀 9 和阀 11 的单向通路进入缸 A 右腔,左腔回油,活塞快退。这时缸 B 仍由泵 1 供油,继续工进。在此情况下,调速阀 5(或 7)使泵 1 仍保持溢流阀 3 的调整压力,不受快退的影响,防止了相互干扰。在回路中,调速阀 5 和 7 的调整流量应稍大于单向调速阀 11 和 13 的调整流量,这样,工进速度就由阀 11 和 13 来决定。

劳模精神——液压专家崔志刚

崔志刚于1978年参加工作,现任钱家营矿业分公司设备管理制修中心液压车间班长,累计完成技术革新580多项,综合创效9 000多万元,先后获得全国技术能手、国家级技能大师、全国煤炭行业劳动模范、河北省十大工匠等称号,享受国务院特殊津贴。

崔志刚在参加工作之初就抱定了一个坚定的信念,一个人可以没文凭,但不能没知识、没志向,他坚信"只要付出,没有干不成的事",他本着缺什么补什么的原则,踏上了一条无怨无悔、孜孜不倦的自学之路。同时,他还在岗位上苦练操作技能,努力提高自身技术水平。27岁的崔志刚在员工技术大比武中,连夺矿、集团公司、市三级青工比武大赛第一名。29岁就被评聘为工人技师,34岁被聘为高级工人技师,2006年又被评为开滦(集团)公司一级操作岗位带头人,2013年以来连续四届被评聘为(集团)公司首席技师,2019年又被评聘为河北省高级工程师。

作为液压专家,他经常被单位外派验收设备,他深知设备验收质量关系到公司安全生产,稍有闪失,就有可能对公司造成巨大的损失。他先后7次参与验收掩护式液压支架及立柱千斤顶,2020年在液压支架验收环节,对其中100多处结构件焊缝度不够部位全部要求厂家进行补焊,对960多件立柱清洁度及镀层问题进行了现场返修,撰写了严密准确的验收报告,间接效益达600万元以上,有效维护了企业利益,确保了生产安全。

为提高工作效率,降低劳动强度,提高安全系数,崔志刚立足液压支架等三机设备进行技改攻关,其研发设备连续多年在开滦职工发明创意大赛上荣获金奖。

从一名普通的技术员工,成长为全国技术能手、煤炭行业赫赫有名的工人发明家,面对成绩和荣誉,崔志刚没有骄傲和自满,始终坚持扎根一线敬业奉献。2020年,崔志刚研制的"矿用井下大部件X型装车机""一种用于液压支架的高强度油缸""矿用井下工作面液压支架码放装置"三项成果又申报了国家专利。他扎根矿山,不断创新,凭借着高超技术,在平凡的岗位上创造了不平凡的业绩。

习题 6

一、填空题

1.在液压系统中,控制执行元件的启动、停止及换向作用的回路,称为(　　　　)回路,主要有(　　　　)和(　　　　)。

2.(　　　　)是用压力阀来控制和调节液压系统主油路或某一支路的压力,以满足执行元件速度换接回路所需的力或力矩要求的。

3.节流调速回路,按照流量阀安装位置的不同,有(　　　　)、(　　　　)和(　　　　)三种。

4. 请将一个减压阀、一个二位二通电磁换向阀(常态位为常闭)和一个远程调压阀填入图 6－32 中相应的虚线框内并连接好油路,组成一个二级减压回路。

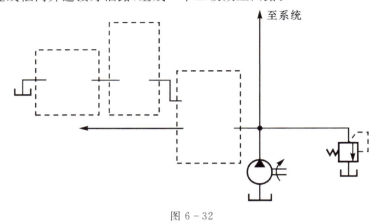

图 6－32

二、简答题

1. 调压回路、减压回路和增压回路各有什么特点,各用于什么场合?
2. 卸荷回路有什么特点? 有哪些形式?
3. 为什么节流调速系统多采用开式回路,而容积调速系统多采用闭式回路?
4. 速度换接与速度调节有何区别? 如何实现速度换接?
5. 采用双泵供油有什么好处? 如何实现双泵供油?
6. 实现多缸顺序动作的方法通常有哪些,各有什么特点?

三、分析题

1. 图 6－33 所示系统能实现"快进→1 工进→2 工进→快退→停止"的工作循环。试画出电磁铁动作顺序表。

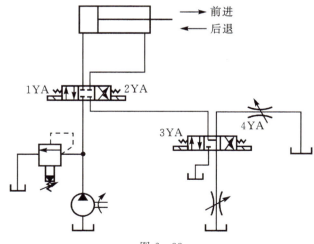

图 6－33

2. 读懂图 6-34 所示液压系统原理图,并填空:
(1)元件 1 的名称是_____,元件 3、元件 6 的名称是_____,元件 9 的名称是_____。
(2)该液压系统是用_____实现的顺序动作回路。
(3)简述液压缸 2 和 5 如何实现①→②→③→④的顺序动作。

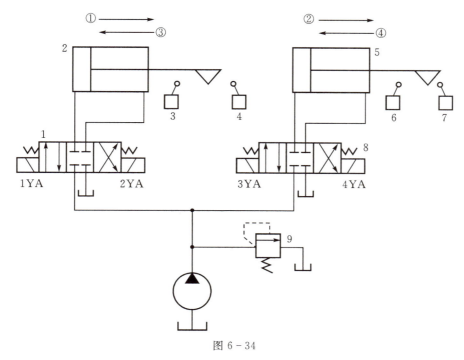

图 6-34

3. 图 6-35 为一顺序动作回路,两液压缸有效面积及负载均相同,但在工作中发生不能按规定的 A 先动、B 后动顺序动作。试分析其原因,并提出改进的方法。

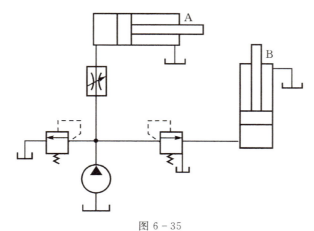

图 6-35

项目 7　典型液压系统分析

机械设备的液压系统是根据该设备的工作要求采用各种不同功能的基本回路构成的。液压系统图表示了系统内所有各类液压元件的连接和控制情况及执行元件实现各种运动的工作原理。

本项目通过几个典型液压系统来分析各种液压元件在系统中的作用和各种基本回路的构成,阅读和分析一个复杂的液压系统,一般可按以下步骤进行:

(1)了解设备的用途和对液压系统的具体要求,以及该液压设备的工作循环。

(2)初步阅读液压系统图,了解系统中包含哪些元件,并以执行元件为中心,将系统分解为若干个子系统。

(3)逐步分析各个子系统,了解每一个子系统由哪些基本回路组成,各个元件的功用及其相互间的关系。根据运动工作循环和动作要求,参照电磁铁动作顺序表和有关资料,搞清油液的流动路线。

(4)根据液压系统的工作要求分析各子系统之间的相互关系,进而理解其工作原理。

项目 7

知识目标

1. 熟悉阅读液压系统图的基本方法；
2. 掌握数控车床液压系统的工作原理；
3. 掌握 YT4543 型液压滑台液压系统的工作原理；
4. 掌握 YB32—200 型液压机液压系统的工作原理；
5. 掌握 Q2—8 型汽车液压起重机液压系统的工作原理。

技能目标

1. 能正确识读液压系统原理图；
2. 能正确查询《流体传动系统及元件　图形符号和回路图　第 1 部分：图形符号》（GB/T 786.1—2021）；
3. 能正确分析数控车床液压系统的工作过程；
4. 能正确分析 YT4543 型液压滑台液压系统的工作过程；
5. 能正确分析 YB32—200 型液压机液压系统的工作过程；
6. 能正确分析 Q2—8 型汽车液压起重机液压系统的工作过程。

素质目标

1. 树立标准意识；
2. 养成独立思考与分析问题的能力；
3. 培养严谨认真、科学务实的工作态度；
4. 培养勇于探索、敢为人先的创新精神。

项目7 典型液压系统分析

任务1 数控车床液压系统分析

1. 数控车床液压系统概述

数控车床是现代机械制造业的主流设备。数控车床加工质量高、自动化程度高、适应性强,尤其是能加工普通机床不能加工的复杂曲面零件。而许多数控车床都应用了液压传动技术。

图7-1为MJ-50型数控车床的液压系统图,该机床由液压系统实现的动作主要有:卡盘的夹紧与松开、刀架的夹紧与松开、刀架的正转与反转、尾座套筒的伸出与缩回。液压系统中各电磁阀的电磁铁动作由数控系统中的PLC控制实现,各电磁铁动作见表7-1,其中"+"表示电磁铁通电或行程阀压下,"-"表示电磁铁断电或行程阀原位。

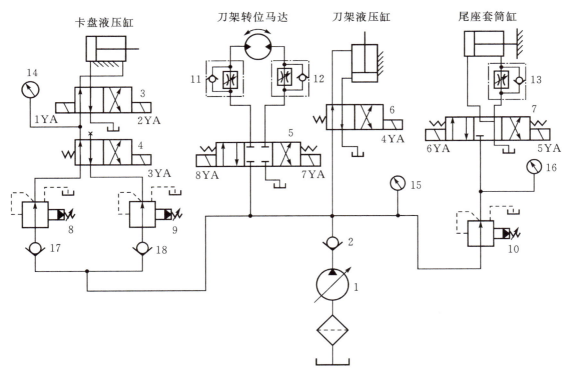

1—变量泵;2—单向阀;3,4,5,6,7—电磁换向阀;8,9,10—减压阀;
11,12,13—单向调速阀;14,15,16—压力表;17,18—单向阀。

图7-1 数控车床液压系统图

表 7-1　电磁铁动作顺序表

动作			1YA	2YA	3YA	4YA	5YA	6YA	7YA	8YA
卡盘正卡	高压	夹紧	+	−	−					
		松开	−	+	−					
	低压	夹紧	+	−	+					
		松开	−	+	+					
卡盘反卡	高压	夹紧	−	+	−					
		松开	+	−	−					
	低压	夹紧	−	+	+					
		松开	+	−	+					
刀架		正转							−	+
		反转							+	−
		松开					+			
		夹紧					−			
尾座		套筒伸出					−	+		
		套筒退回					+	−		

2. MJ-50 型数控车床液压系统的工作原理

机床的液压系统采用限压式变量叶片泵供油,工作压力调到 4 MPa,压力由压力表 15 显示。泵输出的压力油经过单向阀进入各子系统支路,其工作原理如下。

1)卡盘的夹紧与松开

在要求卡盘处于正卡(卡爪向内夹紧工件外圆)且在高压大夹紧力状态下时,3YA 失电,阀 4 左位工作,选择减压阀 8 工作。夹紧力的大小由减压阀 8 来调整,夹紧力由压力表 14 来显示。

当 1YA 通电时,阀 3 左位工作,系统压力油从油泵 1→单向阀 2→减压阀 8→换向阀 4 左位→换向阀 3 左位→液压缸右腔;液压缸左腔的油液经阀 3 直接回油箱。这时,活塞杆左移,操纵卡盘夹紧。

当 2YA 通电时,阀 3 右位工作,系统压力油进入液压缸左腔,液压缸右腔的油液经阀 3 直接回油箱。这时,活塞杆右移,操纵卡盘松开。

在要求卡盘处于正卡且在低压小夹紧力状态下时,3YA 通电,阀 4 右位工作,选择减压阀 9 工作。夹紧力的大小由减压阀 9 来调整,夹紧力也由压力表 14 来显示,减压阀 9 调整压力值小于减压阀 8。

2) 回转刀架的换刀

回转刀架换刀时,首先是将刀架抬升松开,然后刀架转位到指定的位置,最后刀架下拉复位夹紧。

当 4YA 通电时,换向阀 6 右位工作,刀架抬升松开;8YA 通电,液压马达正转带动刀架换刀,转速由单向调速阀 11 控制(若 7YA 通电,则液压马达带动刀架反转,转速由单向调速阀 12 控制),到位后 4YA 断电,阀 6 左位工作,液压缸使刀架夹紧。正转换刀还是反转换刀由数控系统按路径最短原则判断。

3) 尾座套筒的伸出与缩回

当 6YA 通电时,换向阀 7 左位工作,压力油从油泵 1→减压阀 10→换向阀 7 左位→尾座套筒液压缸的左腔;液压缸右腔油液→单向调速阀 13→换向阀 7 左位→油箱。这时,液压缸带动尾座套筒伸出,顶紧工件。顶紧力的大小由减压阀 10 调整,调整的压力值大小由压力表 16 显示。

当 5YA 通电时,换向阀 7 右位工作,压力油从油泵 1→减压阀 10→换向阀 7 右位→单向调速阀 13 的单向阀→液压缸右腔;液压缸左腔油液→换向阀 7 右位→油箱,套筒快速退回。

3. MJ-50 型数控车床液压系统的特点

(1) 采用限压式变量液压泵供油,自动调整输出油液流量,能量损失小。

(2) 采用减压阀稳定夹紧力,并采用换向阀切换减压阀,实现高压和低压夹紧的转换,并且可分别调节高压夹紧力或低压夹紧力的大小。这样就可以根据工艺要求调节夹紧力,操作也很简单方便。

(3) 采用液压马达实现刀架的转位,可实现无级调速,并能控制刀架正、反转。

(4) 采用换向阀控制尾座套筒液压缸的换向,实现套筒的伸出或缩回,并能调节尾座套筒伸出工作的顶紧力大小,以适应不同工艺的要求。

(5) 采用 3 个压力表 14、15、16 可分别显示系统相应部位的压力值,便于液压系统的调试和故障诊断。

任务 2 YT4543 型液压滑台的液压系统分析

组合机床液压滑台是组合机床的重要通用部件之一,在滑台上可以配置各种用途的切削头或工件,用以实现进给运动。

图 7-2 所示为 YT4543 型液压滑台的液压系统。它可以实现的典型工作循环是:快进→第一次工作进给→第二次工作进给→死挡铁停留→快退→原位停止。

1. YT4543 型液压滑台的主要元件及其作用

(1) 液压泵 1——限压式变量叶片泵,它和调速阀一起组成容积节流调速回路,使系统工作稳定,效率较高。

(2) 电液换向阀 6——由三位四通电磁阀(先导阀)A 和三位五通液动阀(主阀)B 所组成。适当地调节液动阀两端阻尼器中的节流开口,能有效地提高主油路换向的平稳性。

(3) 外控顺序阀 4——它的阀口打开或关闭,完全受系统压力的控制。工作进给时,系统压力高,顺序阀的阀口打开,液压缸回油通过它流入油箱;而快进时,系统压力低,顺序阀的阀口关闭,液压缸回油不能通过它流入油箱,只能从有杆腔流往无杆腔,形成了差动连接,提高快进速度。

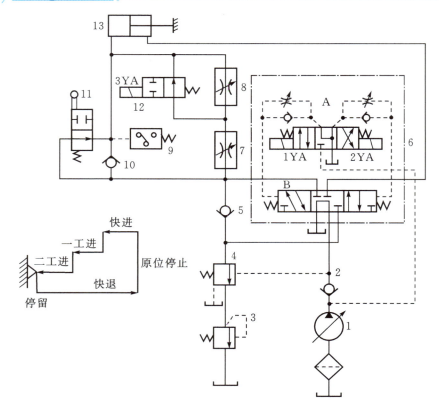

1—液压泵;2,5,10—单向阀;3—背压阀;4—外控顺序阀;6—电液换向阀;7,8—调速阀;
9—压力继电器;11—二位二通行程阀;12—二位二通电磁阀;13—液压缸。

图 7-2 YT4543 型液压滑台的液压系统

(4)背压阀 3 ——用溢流阀调定回油路的背压,以提高系统工作的稳定性。

(5)调速阀 7 和 8 ——串接在液压缸的进油路上,为进油路节流调速。两阀分别调节第一次工进和第二次工进的速度。

(6)二位二通电磁阀 12 ——和调速阀 8 并联。当它的电磁铁 3YA 断电时,阀 8 被短接,实现第一次工进;当 3YA 通电时,阀 8 串入回路,实现第二次工进。

(7)二位二通行程阀 11——和调速阀 7、8 并联。当行程挡块未压到它时,压力油通过此阀,使液压缸快速前进;当行程挡块将它压下时,压力油通过调速阀进入液压缸,使液压缸慢速进给。

(8)液压缸 13——缸体移动式单杆活塞液压缸。进、回油管皆从空心活塞杆的尾端接入,图中没有详细表示这一具体结构。应当指出,目前工业生产中较多采用的 HY、1HY 系列液压滑台已将液压缸结构改成缸体固定、活塞移动的方式,这样可简化活塞杆的结构工艺,便于安装检修,并使滑台座体的刚性得到了加强。

(9)压力继电器 9——装在液压缸进油腔(对工作进给而言)的附近,发出快退信号。

(10)单向阀 2、5、10——作用是防止油液倒流。这里特别要指出单向阀 2 的作用。第一个作用是保护液压泵。在电动机刚停止转动时,系统中的压力油液经液压泵倒流入油箱,就会加剧液压泵的磨损。在液压泵的出口处装一单向阀,隔断停机时系统高压油与液压泵之间的联系,起到保护液压泵的作用。第二个作用是为阀6正常工作创造必要的条件。在泵卸荷期间,通向阀6的控制油路因设有阀2而保持一定的压力,使阀B离开中位的换向动作获得了动力。

2. 系统的工作过程

1)快进

按下启动按钮,电磁阀A的电磁铁1YA通电,阀的左位接入油路系统,控制压力油自液压泵1的出口经阀A进入液动换向阀B的左侧,推动阀芯右移,使阀B的左位接入油路系统。这时的主油路是:

> 进油路:液压泵1→阀2→阀6左位→阀11下位→液压缸13左腔
> 回油路:液压缸13右腔→阀6左位→阀5→阀11下位→液压缸13左腔

这时形成差动连接回路,液压缸13的缸体带动滑台向左快速前进。因为这时滑台的负载较小,系统压力较低,所以液压泵1输出大流量,以满足快进需要。

2)第一次工作进给

在快进终了时,挡块压下行程阀11,切断了快进油路。同时系统压力升高将外控顺序阀4打开。这时的主油路是:

> 进油路:液压泵1→阀2→阀6左位→阀7→阀12右位→液压缸13左腔
> 回油路:液压缸13右腔→阀6左位→阀4→阀3→油箱

因为工作进给时,系统压力升高,所以变量泵1的流量自动减小,适应滑台第一次工作进给的需要。滑台进给速度的大小可用调速阀7调节。

3)第二次工作进给

在第一次工作进给终了时,挡块压下行程开关,使电磁铁3YA通电,阀12左位接入,切断调速阀8的并联通路,这时的主油路需要经过阀7和阀8两个调速阀,所以滑台作速度更低的第二次工作进给,进给速度的大小可由调速阀8调节。

4)死挡铁停留

当滑台第二次工作进给终了碰到死挡铁以后,系统的压力进一步升高,压力继电器9发出信号给时间继电器,经过适当的延时停留以后,电磁铁1YA断电、2YA通电,滑台快速退回。死挡铁停留一定时间的作用是为了保证加工精度。

5)快退

当电磁铁1YA断电、2YA通电以后,阀A右位接入系统,控制油路使阀B右位接入系统。这时的主油路是:

> 进油路:液压泵1→阀2→阀6右位→液压缸13右腔
> 回油路:液压缸13左腔→阀10→阀6右位→油箱

6)原位停止

当滑台退回原始位置时,挡块压下行程开关,使电磁铁2YA断电(1YA已断电),阀A和阀B都处于中间位置,滑台停止不动。这时变量泵输出的油液经换向阀3直接回油箱,泵卸荷。

表7-2是这个液压系统的电磁铁和行程阀动作顺序表。

表 7-2 电磁铁和行程阀动作顺序表

工作环节	电磁铁和阀			
	1YA	2YA	3YA	行程阀
快进	+	−	−	−
一工进	+	−	−	+
二工进、停留	+	−	+	+
快退	−	+	−	+、−
停止	−	−	−	−

注："+"表示电磁铁通电或行程阀压下,"−"则相反。

任务 3　YB32－200 型液压机液压系统分析

7.3.1　液压机液压系统概述

液压机是锻压、冲压、冷挤、校直、弯曲、粉末冶金、成型、打包等工艺中广泛应用的压力加工机械。压力机的类型很多,其中四柱式液压压力机最为典型,应用也最为广泛。

液压压力机是一种用静压力来加工金属、塑料等制品的机械,主要有四立柱式。在四立柱之间放置两液压缸。液压压力机对液压系统的要求如下:

(1)为完成一定的压制要求,要求主缸(上液压缸)驱动上滑块能实现"快速下行→慢速加压→保压延时→快速返回→原位停止"的工作循环;要求顶出缸(下液压缸)驱动下滑块实现"向上顶出→停留→向下退回→原位停止"的动作循环,如图 7-3 所示。

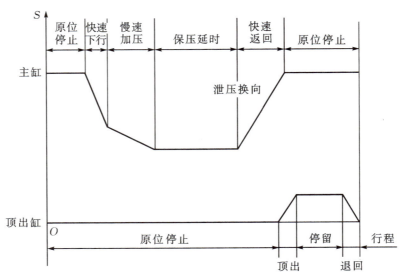

图 7-3　液压机工作循环

(2) 液压系统中的压力应能经常变换和调节,并能产生较大的压制力,以满足工作要求。
(3) 流量大、功率大、空行程和加压行程的速度差异大。要求功率利用合理,工作平稳、安全可靠。

7.3.2　YB32－200型液压机液压系统的工作原理

图7-4为YB32-200型液压机液压系统工作原理图,该液压机的额定压力为32 MPa,最大压制力为2000 kN。系统有两个泵,辅助泵2是一个低压小流量定量泵,供油给控制系统,控制油压力由溢流阀3调节。主泵1是一个高压大流量恒功率压力补偿变量柱塞泵,工作压力由远程调压阀5控制阀4调定,阀4也是安全阀,以防止系统过载。

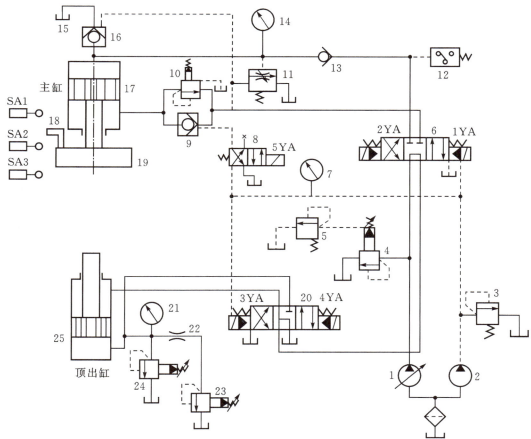

1—变量柱塞泵;2—辅助泵;3,5—溢流阀;4,23,24—先导式溢流阀;6,20—电液换向阀;
7,14,21—压力表;8—电磁换向阀;9—液控单向阀;10—平衡阀;11—卸荷阀;12—压力继电器;
13—单向阀;15—充液箱;16—液控单向阀;17—主缸;18—挡铁;19—上滑块;22—节流阀;25—顶出缸

图7-4　YB32-200型液压机液压系统工作原理图

电磁铁动作顺序如表7-3所示。

表 7-3 电磁铁动作顺序表

液压缸	工作循环	信号来源	电磁铁				
			1YA	2YA	3YA	4YA	5YA
主缸	快速下行	"下压"按钮	+	−	−	−	+
	慢速加压	行程开关 SA2	+	−	−	−	−
	保压	压力继电器 12	−	−	−	−	−
	泄压回程	时间继电器或按钮	−	+	−	−	−
	停止	行程开关 SA1 或按钮	−	−	−	−	−
顶出缸	顶出	"顶出"按钮	−	−	+	−	−
	退回	"退回"按钮	−	−	−	+	−
	停止	"停止"按钮	−	−	−	−	−
	压边	"压边"按钮	+	−	+/−	−	−

1. 主缸运动

1) 快速下行

按下液压机操作按钮的"下压"按钮,使电磁铁 1YA、5YA 通电,控制油压使电液换向阀 6 切换至右位,控制油压同时经阀 8 右位将液控单向阀 9 打开。泵 1 输出的油液经电液换向阀 6 右位,单向阀 13 向主缸 17 上腔供油;主缸下腔的油液经液控单向阀 9、阀 6 右位、阀 20 中位回油,主缸下行。因为此时主缸滑块 19 同时受自重的作用而超速下降,泵 1 的全部流量还不足以充满主缸上腔空出的容积,因此在上腔形成负压,置于液压缸顶部的充液箱 15 的油液经液控单向阀 16(充液阀)进入主缸上腔。

主油路如下:

> 进油路:变量柱塞泵 1→换向阀 6 右位→单向阀 13→主缸上腔
> 　　　　上置充液箱 15→充液阀 16 ─────────────↑
> 回油路:主缸下腔→单向阀 9→阀 6 右位→阀 20 中位→油箱

使主缸、上滑块快速下行。

2) 慢速接近工件、加压

主缸滑块上的挡铁 18 压下下位行程开关 SA2,使电磁铁 5YA 断电,阀 8 回到常态的左位,液控单向阀 9 关闭。主缸回油经平衡阀 10、阀 6 右位、阀 20 中位至油箱。由于回油路上有平衡阀造成的背压力,因此滑块不会在自重作用下下降,必须靠泵的油压推动。这时,主缸上腔压力升高,充液阀 16 关闭,不再充油,压力油推动活塞使滑块慢速接近工件。当滑块抵住工件后,阻力急剧增加,上腔油压进一步提高,变量泵 1 的输出流量随油压升高自动减小,此时滑块以更慢的速度对工件加压。

主油路如下:

> 进油路:变量泵 1→换向阀 6 右位→单向阀 13→主缸上腔
> 回油路:主缸下腔→单向阀 9→阀 6 右位→阀 20 中位→油箱

使主缸、上滑块慢速下行。

3)保压

滑块抵住工件后,主缸上腔油压进一步升高,当上腔的油压达到压力继电器 12 的调定值时,压力继电器 12 发出信号使电磁铁 1YA 断电,阀 6 回到中位,将主缸上、下油腔封闭。此时,泵 1 的流量经阀 6 中位、阀 20 的中位卸荷。单向阀 13、充液阀 16 的密封性能好,使主缸上腔保持高压。保压时间可由压力继电器 12 控制的时间继电器调整。

4)泄压、快速退回

保压结束时,压力继电器 12 控制的时间继电器发出信号,使电磁铁 2YA 通电(当定程压制成型时,则由行程开关 SA3 发出信号),主缸处于回程状态。按下"回程"按钮,也可使主缸回程。

但由于液压机压力高,而主缸的直径大、行程大,缸内液体以及机架在加压过程中受压而储存了相当大的变形能量。如果立即回程,上腔及其联接油路瞬间接通,油箱压力骤降,会造成机架和管路的剧烈振动、噪声。为了防止这种液压冲击现象,回程采用了先泄压之后再回程的措施:

当换向阀 6 切换至左位时,主缸上腔还未泄压,压力很高,带阻尼孔的卸荷阀 11 被主缸上腔高压开启。由泵 1 输出的压力油经阀 6、阀 11 中的阻尼孔回油,这时泵 1 在低压下工作,此压力不足以使主缸活塞回程,但能够打开液控单向阀 16 的卸荷阀芯,主缸上腔的高压油经卸荷阀阀芯的较小开口而泄回充液箱 15,使上腔压力缓慢降低,这就是泄压。当主缸上腔压力降低到卸荷阀 11 回位关闭时,主泵 1 输出的油液压力进一步升高并推开液控单向阀 16 的主阀芯,此时压力油经液控单向阀 9 至主缸 17 的下腔,使活塞快速回程。充液箱 15 中的油液达到一定高度时,由溢流管溢回主油箱。

主油路如下:

进油路:变量泵 1→换向阀 6 左位─┬→单向阀 9→主缸下腔
　　　　　　　　　　　　　　　　└→充液阀 16 控制口→充液阀 16

回油路:主缸上腔→充液阀 16→充液箱 15→主油箱。

使主缸、上滑块快速上行回程。

5)上位停止

当主缸滑块上行使挡铁 18 压下上位行程开关 SA1 时,电磁铁 2YA 断电,换向阀 6 回到中位,主缸上下腔被 M 型机能的换向阀 6 封闭,主缸停止运动,回程结束。此时,泵 1 的油液经换向阀 6、阀 20 的中位回油箱,泵处于卸荷状态。在运行过程中,随时按"停止"按钮,可使主缸停留在任意位置。

2. 顶出缸运动

为保证安全,通过电气联锁,使顶出缸 25 在主缸停止运动时才能动作。

1)顶出

按下"顶出"按钮,使 3YA 通电,换向阀 20 左位接入系统,泵 1 输出的压力油经阀 6 中位、阀 20 左位进入顶出缸 25 下腔;上腔的油液经阀 20 回油,使活塞上升。

2)退回

按下"退回"按钮,使 3YA 断电,4YA 通电,换向阀 20 右位接入系统,顶出缸上腔进油,下腔回油,使活塞下降。

3)停止

按下顶出缸的"停止"按钮,电磁阀 20 的电磁铁 3YA、4YA 断电,顶出缸即停止运动。

4)浮动压边

在进行薄板拉伸时,为防止薄板起皱,要采用压边工艺。要求顶出缸下腔在保持一定压力时,又能跟随主缸滑块的下压而下降。这时应该先给 3YA 通电,使顶出缸上顶压边,然后又断电停止,顶出缸下腔的油液被阀 20 封住,上腔通油箱。主缸滑块下压时,顶出缸活塞被压迫随之下行,顶出缸下腔回油经节流阀 22 和背压阀 23 流回油箱,从而保持所需的压边力。

当节流器 22 堵塞时,由于增压效应,顶出缸下腔压力会成倍增加,图 7-4 中的溢流阀 24 是起安全保护作用的。

7.3.3 YB32-200 型液压机液压系统的特点

(1)系统采用高压、大流量恒功率变量泵供油,并利用滑块自重冲液回路实现快速下行,能源利用合理,系统效率高。

(2)利用远程调压阀控制的调压回路、使控制油路获得稳定低压的减压回路、高压泵的低压卸荷回路、利用单向阀的保压回路,采用液控单向阀的平衡回路。

(3)采用电液换向阀,适合高压大流量液压系统的要求。

(4)系统中上、下两液压缸的动作协调是由两个换向阀互锁来保证的。一个液压缸必须在另一个缸静止不动时才能动作。但是在拉伸操作中,为了实现"压边"这个工步,上液压缸活塞必须推着下液压缸活塞移动,这时上液压缸下腔的油进入下液压缸的上腔,而下液压缸下腔的油则经过下液压缸溢流阀排回油箱,这样两液压缸能同时工作,不存在动作不协调的问题。

(5)两个液压缸各有一个安全阀进行过载保护。

(6)采用独立的辅助泵提供控制油,可靠性好,同时也减少大流量主泵的负荷,分配合理。

▶ 任务 4　Q2-8 型汽车液压起重机液压系统分析

1. Q2-8 型汽车液压起重机液压系统概述

汽车起重机是将起重机安装在汽车底盘上的一种起重运输设备。对于汽车起重机的液压系统,一般要求输出力大,动作要平稳,耐冲击,操作要灵活、方便、安全、可靠。

图 7-5 所示为 Q2-8 型汽车液压起重机外形,它主要由车体、伸缩臂、起升机构等组成。该起重机采用液压传动,最大起重重量为 80 kN(幅度为 3 m 时),最大起重高度为 11.5 m,起重装置可连续回转。该起重机具有起重能力大、行走速度较高、机动性能较好、可以自行等特点,可在温度变化较大、环境条件较差等不利环境下工作,因而得到广泛使用。

2. Q2-8 型汽车液压起重机液压系统的工作原理

图 7-6 为 Q2-8 型汽车液压起重机液压系统图。该系统是一个单泵、开式、串联液压系统,由支腿收放、转台回转、吊臂伸缩、吊臂变幅和起重起升五个工作支路组成,分上车和下车两部分布置,各部分都具有相对的独立性。液压泵、安全阀、阀组 A 及支腿部分装在下车部分,其余液压元件都装在可回转的上车部分。上、下车部分的油路通过回转中心回转接头连通。

项目7 典型液压系统分析

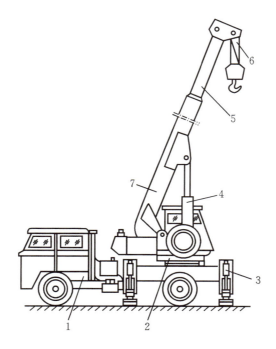

1—载重汽车；2—回转机构；3—支腿；4—变幅油缸；
5—吊臂伸缩缸；6—起升机构；7—基本臂。

图 7-5 Q2-8 型汽车液压起重机外形图

(1) 支腿收放回路：架起整车，不使载荷压在轮胎上。

起重机前后左右共有四条液压支腿。由于汽车轮胎的支承能力有限，具有很大的柔性，受力后不能保持稳定，故汽车起重机必须采用刚性的液压支腿，它的支腿架伸出后，支撑点距离也更大，使起重机的稳定性进一步得到加强。起重作业时必须放下支腿，使汽车轮胎悬空，汽车行驶时又必须收起支腿，使轮胎着地。

该汽车起重机的底盘前后各有两条支腿，通过机械机构可以使每一条支腿收起和放下。在每一条支腿上都装着一个液压缸，支腿的动作由液压缸驱动。两条前支腿和两条后支腿分别由多路换向阀 1 中的三位四通手动换向阀 A 和 B 控制其伸出或缩回。换向阀均采用 M 型中位机能，且油路采用串联方式。确保每条支腿伸出去的可靠性至关重要，因此每个液压缸均设有双向锁紧回路，以保证支腿被可靠地锁住，防止在起重作业时发生"软腿"现象或行车过程中支腿自行滑落。

例如，当推动阀 A 左位工作时，前支腿放下，其进、回油路线如下：

进油路：取力箱→液压泵→多路换向阀 1 中的阀 A 左位→液控单向阀→
两个前支腿缸无杆腔
回油路：两个前支腿缸有杆腔→液控单向阀→多路换向阀 1 中的阀 A 左位→
阀 B 中位→回转接头 9→多路换向阀 2 中阀 C、D、E、F 的中位→油箱

(2) 转台回转支路：使吊臂回转。

起重机分为不动的底盘部分和可回转的上车部分，两者通过转台连接，转台采用液压驱动

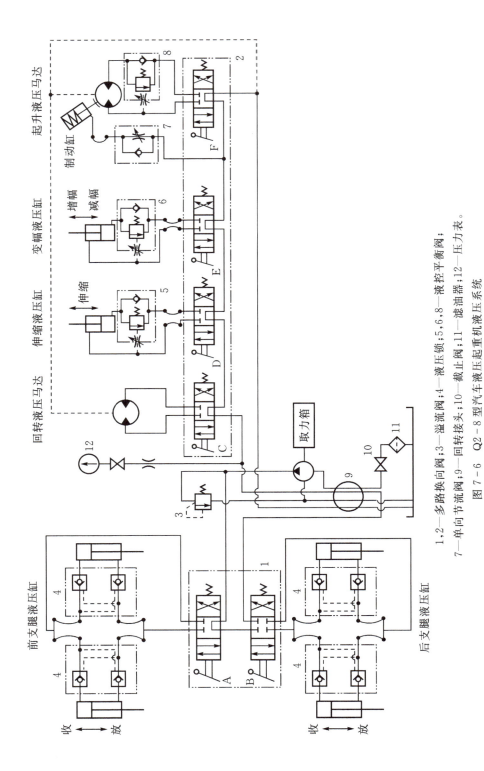

图 7-6 Q2-8 型汽车液压起重机液压系统

1,2—多路换向阀；3—溢流阀；4—液压锁；5,6,8—液控平衡阀；7—单向节流阀；9—回转接头；10—截止阀；11—滤油器；12—压力表。

回转。

转台回转回路比较简洁。回路采用了一个低速大扭矩双向液压马达,液压马达通过齿轮、涡轮减速箱、开式小齿轮与转盘的大齿轮啮合,小齿轮作行星运动带动转台。转台回转速度较低,一般每分钟为1~3转,驱动转台的液压马达转速也不高,停转时转台也不受扭矩,故不必设置制动回路。

液压马达由手动换向阀C控制,转台回转有左转、右转、停转三种工况,其进、回油路线如下:

> 进油路:取力箱→液压泵→换向阀A中位→阀B中位→回转接头9→阀C→液压马达
> 回油路:液压马达→换向阀C→阀D中位→阀E中位→阀F中位→油箱

(3)吊臂伸缩回路:改变吊臂的长度。

起重机的吊臂由基本臂和伸缩臂组成,伸缩臂套在基本臂之中,用一个由三位四通手动换向阀D控制的伸缩液压缸来驱动吊臂的伸缩,有伸出、缩回、停止三种工况。为防止因自重而使吊臂下落,油路中设有液控平衡阀5。

例如,当操作阀D右位工作时,吊臂伸出,其进、回油路线如下:

> 进油路:取力箱→液压泵→换向阀A中位→阀B中位→回转接头9→
> 　　　　阀C→阀D右位→阀5中的单向阀→伸缩液压缸无杆腔
> 回油路:伸缩液压缸有杆腔→阀D右位→阀E中位→阀F中位→油箱

(4)吊臂变幅回路:改变吊臂的倾角。

吊臂变幅是用一个液压缸来改变起重臂的俯角角度。变幅液压缸由三位四通手动换向阀E控制,有增幅、减幅、停止三种工况。同样,为防止在变幅作业时因自重而使吊臂下落,在油路中设有液控平衡阀6。

例如,当操作阀E右位工作时,变幅液压缸增幅,其进、回油路线如下:

> 进油路:取力箱→液压泵→阀A中位→阀B中位→回转接头9→
> 　　　　阀C中位→阀D中位→阀E右位→变幅缸无杆腔
> 回油路:变幅缸有杆腔→阀E右位→阀F中位→回转接头9→油箱

(5)吊重起升回路:使重物升降。

吊重起升机构是汽车起重机的主要工作机构,它由一个低速大转矩定量液压马达来带动卷扬机工作。液压马达的正、反转由三位四通手动换向阀F控制。起重机起升速度的调节是通过改变汽车发动机的转速从而改变液压泵的输出流量和液压马达的输入流量来实现的。在液压马达的回油路上设有平衡阀8,以防止重物自由落下;在液压马达上还设有单向节流阀的平衡回路,设有单作用闸缸组成的制动回路,当系统不工作时通过闸缸中的弹簧力实现对卷扬机的制动,防止起吊重物下滑;当吊车负重起吊时,利用制动器延时张开的特性,可以避免卷扬机起吊时发生溜车下滑现象。此时系统中油液的流动情况如下:

> 进油路:取力箱→液压泵→阀A中位→阀B中位→回转接头9→
> 　　　　阀C中位→阀D中位→阀E中位→阀F→卷扬机马达进油腔
> 回油路:卷扬机马达回油腔→阀F→回转接头9→油箱

3. Q2-8型汽车液压起重机液压系统的特点

Q2-8型汽车液压起重机是一种中小型起重机,只用一个液压泵,在执行元件总功率不满载的情况下,各串联的手动换向阀可任意操作组合,使一个或几个执行元件同时运动,如使起升和变幅或回转同时工作,又如在起升的同时,可操纵回转回路、吊臂伸缩回路等。

(1) 系统中采用了平衡回路、锁紧回路和制动回路,能保证起重机工作可靠,操作安全。

(2) 采用三位四通手动换向阀,不仅可以灵活方便地控制换向动作,还可通过手柄操纵来控制流量,以实现节流调速。在起升工作中,将此节流调速方法与控制发动机转速的方法结合使用,可以实现各工作部件微速动作。

(3) 换向阀串联组合,各机构的动作既可独立进行,又可在轻载作业时实现起升和回转复合动作,以提高工作效率。

(4) 各换向阀处于中位时系统即卸荷,能减少功率损耗,适于起重机间歇性工作。

打破垄断——硬岩隧道掘进机

2019年9月17日,第21届中国国际工业博览会在上海开幕,其中被称为山岭隧道"穿山甲"的TBM(硬岩隧道掘进机)备受瞩目。

TBM是隧道掘进领域科技附加值最高的装备,是国家铁路、水利、国防等重大工程领域不可或缺的大国重器。TBM一边掘进,一边出渣,可实现多道工序同时并行工作。TBM在刀盘刀具、灾害预测、围岩感知等技术方面有重大突破和创新,打破了国外垄断。

该项目由中铁工程装备集体有限公司和浙江大学共同开发,其中刀盘刀具布置技术、超前聚焦测深地质预报技术达到国际领先水平,其"变频电机+液压马达+惯性飞轮+液黏调速离合器"电液协同柔性脱困的新型驱动方案,实现了TBM掘进技术史上自动脱困的突破,避免了施工现场停机停工。该TBM的成功研制,实现了国产TBM从无到有,国内新增市场占有率从0到90%的历史性跨越,实现销售73亿元,经济效益和社会效益显著。

习题 7

一、简答题

1. 说说应该怎样阅读、分析一个复杂的液压系统图。
2. MJ-50型数控车床液压系统是由哪些基本回路组成的?该液压系统有哪些特点?
3. 组合机床动力滑台液压系统是由哪些基本回路组成的?分析顺序阀在此油路中的作用。
4. 请简要分析YB32-200型液压机液压系统如何实现工作循环。
5. Q2-8型汽车液压起重机液压系统有哪些特点?

二、分析题

1. 图 7-7 所示液压系统,能实现"快进→ Ⅰ工进→ Ⅱ工进→ 快退→ 停止及卸荷"工序。填写表 7-4 中电磁铁动作(通电为+,断电为-),并写出快进和Ⅱ工进时系统的进油路线和回油路线。

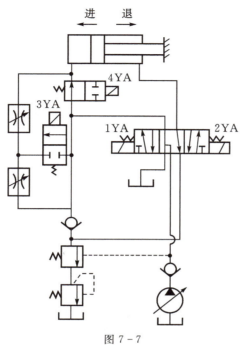

图 7-7

表 7-4 电磁铁动作顺序

工序	1YA	2YA	3YA	4YA
快进				
Ⅰ工进				
Ⅱ工进				
快退				
停止及卸荷				

进油:

回油:

2. 请根据图 7-8 所示液压系统回答下列问题：

(1) 填写实现"快进 → Ⅰ工进 → Ⅱ工进 → 快退 → 原位停、泵卸荷"工作循环的电磁铁动作顺序表 7-5。

(2) 若溢流阀调整压力为 2 MPa，液压缸有效工作面 $A_1 = 80 \text{ cm}^2$，$A_2 = 40 \text{ cm}^2$，在工进中当负载 F 突然为零时，节流阀进口压力为多大？

(3) 在工进时负载 F 变化，分析活塞速度有无变化。说明理由。

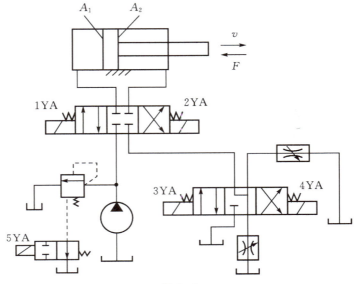

图 7-8

表 7-5　电磁铁动作顺序表

动作	1YA	2YA	3YA	4YA	5YA
快进					
Ⅰ工进					
Ⅱ工进					
快退					
原位停泵卸荷					

项目 8　液压系统的安装、维护与故障处理

任何一个液压系统,即使设计合理,但如果安装调试不正确或使用维护不当,也有可能出现各种故障,不能长期发挥和保持其良好的工作性能。因此,在液压系统安装调试及使用中,必须熟悉主机液压系统的工作原理与所用液压元件和附件的结构、功能和作用,并应对其加强日常维护和管理。

项目 8

知识目标

1. 了解液压系统使用与维护的内容及注意事项;
2. 理解液压系统安装、调试的方法和步骤;
3. 掌握液压系统故障的四个特点及五个故障排除步骤;
4. 初步掌握液压系统常见故障产生的原因及排除方法。

技能目标

1. 能正确识读液压系统原理图;
2. 能根据液压系统原理图完成液压系统的安装;
3. 能完成液压系统的调试;
4. 能正确对液压系统进行维护与保养;
5. 能排除常见的液压系统故障。

素质目标

1. 树立标准意识;
2. 养成独立思考与分析问题的能力;
3. 培养严谨认真、科学务实的工作态度;
4. 培养勇于探索、敢为人先的创新精神。

任务 1　液压系统的安装

液压系统由各种液压元件和附件组成并布置在设备各部位。液压系统安装是否安全可靠、合理和整齐，对液压系统的工作性能有很大的影响。因此，必须加以重视，认真做好各项工作。

液压系统的工作是否稳定可靠，一方面取决于设计是否合理，另一方面还取决于安装的质量。精心的、高质量的安装，会使液压系统运转良好，减少故障的发生。

在安装液压系统前，首先应备齐各种技术资料，如：液压系统原理图、电气原理图、系统装配图、液压元件、辅件及管件清单和有关样本。安装人员需对各技术文件的具体内容和技术要求逐项熟悉与了解。其次，再按图纸要求做物质准备，备齐管道、管接头及各种液压元件，并检查其型号规格是否正确，质量是否达到要求，有缺陷的应及时更换。

有些液压元件由于运输或库存期间侵入了砂土、灰尘或锈蚀，如直接装入液压系统，可能会对系统的工作产生不良影响，甚至引发故障。所以，对比较重要的元件在安装前要进行测试，检验其性能，若发现有问题要拆开清洗，然后重新装配、测试，确保元件工作可靠。液压元件属精密机械，对它的拆、洗、装一定要在清洁的环境中进行。拆卸时要做到熟知被拆元件的结构、功用和工作原理，按顺序拆卸。清洗时可用煤油、汽油或和液压系统牌号相同的油清洗，清洗后，不要用棉纱擦拭，以防再次污染。装配时禁止猛敲、硬扳、硬拧，如有图纸应参照图纸进行核对。在拆洗过程中对已损坏的零件，如老化的密封件等要进行更换。重新装配好的元件要进行性能和质量的测试。

有油路块的系统要检查油路块上各孔的通断是否正确，并对流道进行清洗。另外，油箱内部也要清理或清洗。

已清洗干净的液压元件，暂不进行总装时要用塑料塞子将它们的进、出口都堵住，或用胶带封住以防脏物侵入。

液压系统的安装包括管道安装、液压件安装和系统清洗。

1. 管道安装

管道安装应分两次进行。第一次是预安装，第二次为正式安装。预安装以后，要用20%的硫酸或盐酸的水溶液对管子进行酸洗30～40 min，然后再用10%的苏打水中和15 min，最后用温水清洗，并吹干或烘干，这样可以确保安装的质量。管道安装要做到以下几点：

（1）管道必须按图纸及实际情况合理布置。

（2）整机管道排列要整齐、有序、美观、牢固，并便于拆装和维修。

（3）管道的交叉要尽量少，相邻管子及管子与设备主体之间最好有12 mm以上的间隙，防止互相干扰、震动。

（4）在弯曲部位，钢管及软管都要符合相应的弯曲半径，参考图8-1、图8-2和表8-1、表8-2。弯曲部位不准使用由管子焊接而成的直角接头。

（5）为防止管道振动，每相隔一定的距离要安装管夹，固定管子。管夹之间的距离见表8-3。

2. 液压件安装

1）液压泵安装要求

（1）按图纸规定和要求进行安装。

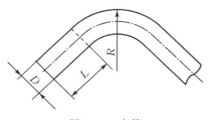

图 8-1 弯管

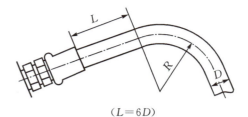

（L=6D）

图 8-2 软管的弯曲

表 8-1 钢臂最小弯曲半径　　　　　　　　　　　　　　　　　　单位：mm

管子外径 D		8	10	14	18	22	28	34	42	50	63	75	90	100
最小弯曲半径 R	热弯	—	—	35	50	65	75	100	130	150	180	230	270	350
	冷弯	25	35	70	100	135	150	200	250	300	360	250	540	700
最短长度 L		20	30	45	60	70	80	100	120	140	160	180	200	250

表 8-2 钢丝编织胶管的弯曲半径　　　　　　　　　　　　　　　单位：mm

层数	胶管内径	6	8	10	13	16	19	22	25	32	38
Ⅰ	胶管外径	15	17	19	23	26	29	32	36	43.5	49.5
	最小弯曲半径	100	110	130	190	220	260	320	350	420	500
Ⅱ	胶管外径	17	19	21	25	28	31	34	37.5	45	51
	最小弯曲半径	120	140	160	190	240	300	330	380	450	500
Ⅲ	胶管外径	19	21	23	27	30	33	36	39	47	53
	最小弯曲半径	140	160	180	240	300	330	380	400	450	500

表 8-3 夹管支架距离　　　　　　　　　　　　　　　　　　　　单位：mm

管子外径	12	15	18	22	28	34	42	48	60	75	90	120
支架最大距离	300	400	500	600	700	800	900	1000	1200	1800	2500	3500

(2)液压泵轴与电动机轴旋转方向必须是泵要求的方向。

(3)液压泵轴与电动机轴的同轴度应在 0.1 mm 以内,倾斜角不得大于 1°。

(4)液压泵、电动机及传动机构的地脚螺钉,在紧固时要受力均匀并牢固可靠。

(5)用手转动联轴结时,应感觉到泵转动轻松,无卡住或异常现象。

(6)注意区分液压泵的吸、排油口。

2)液压缸的安装要求

(1)按设计图纸的规定和要求进行安装。

(2)位置准确、牢固可靠。

(3)配管时要注意油口。

(4)安装时要让液压缸的排气装置处在最高部位。

3) 液压阀安装要求

(1) 按设计图纸的规定和要求进行安装。

(2) 安装阀时要注意进油口、出油口、回油口、控制油口、泄油口等的位置及相应连接管口,严禁装错。换向阀以水平安装较好,压力控制阀的安置在可能情况下不要倒装。

(3) 紧固螺钉拧紧时受力要均匀,防止拧紧力过大使元件产生变形而造成漏油或某些零件不能相对滑动。

(4) 注意清洁,不准戴着手套进行安装,不准用纤维织品擦拭安装结合面。

(5) 调压阀调节螺钉应处于松弛状态,调速阀的调节手轮应处于节流口较小开口状态,换向阀处在常位状态。

(6) 检查该接的油口是否都已经接上,该堵住的油口是否都已经堵上。

4) 其他辅件的安装

辅助元件安装的好坏也会严重影响液压系统的正常工作,不容许有丝毫的疏忽。应严格按设计要求的位置安装,并注意整齐、美观,在符合设计要求的情况下,尽量考虑使用、维护和调整的方便。例如,蓄能器应安装在易用气瓶充气的地方,过滤器应尽量安装在易于拆卸、检查的位置等。

3. 系统清洗

液压系统安装完毕后,要进行循环清洗,单机或自动线均可利用设备上的泵作为供油泵,并临时增加一些必要的元件和管件,就可以进行清洗,如图8-3所示为液压系统清洗的一种原理图。对液压系统进行清洗时需要注意的如下:

(1) 清理环境场地。

(2) 用低黏度的专用清洗油,清洗时将油加入油箱并加热到50~80 ℃。

(3) 启动液压泵,让其空转。清洗过程中要经常轻轻地敲击管子,这样可以起到除去附着物的效果,清洗20 min后要检查滤油器的污染情况,并清洗滤网,然后再进行清洗,如此反复多次直到滤网上无大量污染物为止。清洗时间一般为2~3 h。

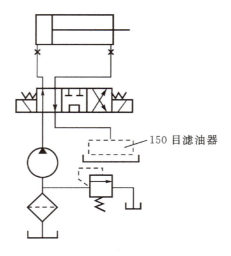

图8-3 系统清洗原理图

(4)对较复杂的液压系统,可按工作区域分别对各区进行清洗。也可接上液压缸,让液压缸往复运动进行系统清洗。

(5)清洗后,必须将清洗油尽可能排尽,要清洗油箱的内部。然后拆掉临时清洗线路,使系统恢复到正常工作状态,加入规定液压油。

▶ 任务 2　液压系统的调试

无论是新制造的液压设备还是经过大修后的液压设备,都要进行工作性能和各项技术指标的调试,在调试过程中排除故障,从而使液压系统达到正常、稳定、可靠的工作状态,同时调试中积累的第一手资料可整理纳入技术档案,有助于设备今后的维护和故障诊断及排除。

1. 调试前的准备工作

1)做好技术准备

熟悉被调试设备。先仔细阅读设备使用说明书,全面了解被调试设备的用途、技术性能、结构、使用要求、操作使用方法和试车注意事项等。看懂液压系统图,弄清液压系统的工作原理和性能要求;必须明确机械、液压和电气三者的功能和彼此的联系,熟悉液压系统各元件在设备上的实际位置、作用、性能、结构原理及调整方法,还要分析液压系统整个动作循环的步骤,对可能发生的错误有应变措施。在上述考虑的基础上确定调试内容、步骤及调试方法。

2)调试前的检查

调试前应做好必要的检查。检查管路连接和电气线路是否正确、牢固、可靠;泵和电动机的转速、转向是否正确;油箱中油液牌号及液面高度是否符合要求;检查各控制手柄是否在关闭或卸荷位置,各行程挡块是否紧固在合适位置;旋松溢流阀手柄,使溢流阀调至最低工作压力,适当拧紧安全阀手柄,流量阀调至规定值。待各处按试车要求调整好后,方可进行试车。

2. 调试

1)空载试车

空载试车主要是全面检查液压系统各回路、各个液压元件及辅助装置的工作是否正常,工作循环或各种动作的自动转换是否符合要求。

(1)启动液压泵。先向液压系统灌油,然后点动电动机,使泵旋转一两转,观察泵的转向是否正确,运转情况是否正常,有无异常噪声等。一般运转开始要点动三五次,每次点动时间可逐渐延长,直到使液压泵在额定转速下运转。

(2)液压缸排气。按压相应的按钮,使液压缸来回运动,若液压缸不动作,可逐渐旋紧溢流阀,使系统压力增加至液压缸能实现全行程往复运动,往返数次将系统中的空气排掉。对低速性能要求比较高的应注意排气操作,因为在缸内混有空气后,会影响其运动平稳性,引起工作台在低速运动时的爬行,同时会影响机床的换向精度。

(3)控制阀的调整。各压力阀应按其实际所处位置,从溢流阀起依次调整,将溢流阀逐渐调到规定的压力值,使泵在工作状态下运转。检查溢流阀在调节过程中有无异常声响,压力是否稳定,并须检查系统各管道接头、元件结合面处有无漏油。其他压力阀可根据工作需要进行调整。压力调定后,应将压力阀的调整螺杆锁紧。

为使执行元件在空载条件下按设计要求动作,操作相应的控制阀,使执行元件在空载下按预定的顺序动作,应检查它们的动作是否正确,启动、换向、速度及速度变换是否平稳,有无爬行、冲击等现象。

在各项调试完毕后,应在空载条件下动作 2 h 后,再检查液压系统工作是否正常,一切正常后,方可进入负载试车。

2) 负载试车

负载试车时一般先在低于最大负载和速度的条件下试车,以进一步检查系统的运行质量和存在问题。若试车一切正常,可逐渐将压力阀和流量阀调到规定值,进行最大负载试车。检查功率、发热、噪声振动、高速冲击、低速爬行等方面的情况;检查各部分的漏油情况,若系统工作正常,便可正式投入使用。

任务 3　液压系统的使用与维护

为保证液压系统处于良好性能状态,应合理使用并进行日常检查和维护。

1. 使用时应注意的事项

(1) 使用前必须熟悉液压设备的操作要领,对各液压元件所控制的相应执行元件和调节旋钮的转动方向与压力、流量大小变化的关系等要熟悉,防止调节错误造成事故。

(2) 要注意温度变化。低温下,油温应达到 20 ℃以上才准许动作;油温高于 60 ℃时应注意系统工作情况,异常升温时,应停车检查。

(3) 停机 4 h 以上的设备应先使液压泵空载运行 5 min,然后再启动执行机构工作。

(4) 经常保持液压油清洁。加油时要过滤,液压油要定期检查和更换。过滤器的滤芯应定期清洗或更换。

(5) 各种液压元件未经主管部门同意不要私自拆换或调节。液压系统出现故障时,不准乱动,应通过有关部门分析原因并排除。

2. 液压系统的维护

液压系统的维护主要分为日常维护、定期维护和综合维护。

1) 日常维护

日常维护是指液压设备的操作人员每天在设备使用前、使用中及使用后对设备的例行检查。主要检查油箱内的油量、油温、油质、噪声振动、漏油及调节压力等情况。一旦出现异常现象,应检查原因及时排除,避免一些重大事故的发生。

2) 定期维护

定期维护的内容包括:按日常检查的内容详细检查,对各种液压元件的检查,对过滤器的拆开清洗,对液压系统的性能检查,对规定必须定期维修的部件应认真加以保养。定期检查一般分为 3 个月或半年两种。

3) 综合维护

综合维护 1～2 年进行一次,检查的内容和范围力求广泛,尽量作彻底的全面性检查。应对所有液压元件进行解体,根据解体后发现的情况和问题,进行修理或更换。

任务 4　液压系统故障诊断

故障诊断技术是使用、维护液压设备过程中长期积累的经验总结,是液压技术人员知识、能力的重要组成部分,是技术水平高低的重要标志。

1. 液压系统故障特点

液压系统的故障多种多样,虽然控制油液的污染度和及时维护检查可减少故障的发生,但不能完全杜绝故障。液压系统故障的主要特点如下:

(1) 故障发生的概率较低。由于液压元件都在充分润滑的条件下工作,因此液压系统均有可靠的过载保护装置(如安全阀),很少发生金属零件破损、严重磨损等现象。一个设计良好的液压系统与同等复杂程度的机械式或电气式机构相比,故障发生的概率是较低的,但寻找故障的部位比较困难,其原因主要是由于后列另外几个特点造成的。

(2) 液压故障具有隐蔽性。液压部件的机构和油液封闭在壳体和管道内,故障发生后不像机械传动故障那样容易直接观察到,又不像电气传动那样方便测量,所以确定液压故障的部位和原因是费时的。

(3) 液压故障具有多因性。影响液压系统正常工作的原因,有些是渐发的,如因零件受损引起配合间隙逐渐增大、密封件的材质逐渐恶化等渐发性故障;有些是偶发的,如元件因异物突然卡死、动作失灵所引起的突发性故障;也有些是系统中各液压元件综合性因素所致,如元件规格选择、配置不合理等,很难实现设计要求;各个液压元件的动作又是相互影响的,所以一个故障排除了,往往又会出现另一种故障。

(4) 液压故障具有非独立性。液压设备是机电液一体化的复杂设备,由于液压系统只是其中的一个部分,它控制设备的机械部分,同时又被电气部分控制,三者互相影响,因此在检查、分析、排除故障时,必须同时具备机电液综合知识。

2. 液压系统故障的排除步骤

液压设备故障诊断的方法有多种,但一般按以下步骤进行。

1) 熟悉相关资料

在到现场调查情况前,首先要做好案头工作,查阅技术资料,了解设备的工艺性能,熟悉液压系统图,熟悉机、电、液之间的关系。不但要弄清整个系统的工作原理,也要了解单个元件的型号结构性能及其在系统中的作用,还要弄清各元件之间的联系。

2) 现场调查情况

一定要深入现场了解第一手情况。向操作者询问设备出现故障前的正常状态,出现故障后的异常状况和现象、过程,产生故障的部位。如果设备还能动作,应亲自观察设备工作过程,仔细观察液压系统故障现象、各参数变化状态和工作情况等,并与操作者提供的情况对比分析。对照本次故障现象查阅技术档案,了解设备运行历史和当前的状况。

3) 分析诊断故障

将现场观察到的情况、操作者及相关人员提供的情况和档案记载的资料进行综合分析,查找故障原因。一般来讲,液压系统的故障往往是诸多因素综合影响的结果,但造成故障的主要原因如下:

(1)液压油和液压元件使用不当,使液压元件的性能变坏、失灵。
(2)装配、调整不当。
(3)设备年久失修、零件磨损、精度超差或元件制造不当。
(4)也有些故障是元件选用和回路设计不当。

目前常用的追查液压故障的方法有顺向分析法和逆向分析法。顺向分析法就是从引起故障的各种原因出发,分析各种原因对液压系统的影响,分析每个原因可能产生哪些故障。这种分析方法对预防液压故障的发生、预测和监视液压故障具有良好的效果。逆向分析法就是从液压故障的结果开始,分析引起这个故障的可能原因。逆向分析方法目的明确,查找故障较简便,是液压故障分析的常用方法。分析时要注意到事物的相互联系,逐步缩小范围,直到准确地判断出故障部位,然后拟订排除故障的方案。

拟订方案过程中,有时还要返回现场调试、检测,逐步完善方案。

4)修理排除故障

液压系统中大多数故障通过调整的方法可以排除,有些故障可用更换个别标准液压元件或易损件(如密封圈等)、换液压油甚至清洗液压元件的方法排除,只有部分故障因设备使用年久磨损精度不够,需要全面修复。因此,排除故障时应按"先洗后修、先调后拆、先外后内、先简后繁"的原则,尽量通过调整来实现,只有在万不得已的情况下才大拆大卸。在清洗液压元件时,要用毛刷或绸布等,尽量不用棉布,更不能用棉纱来擦洗液压元件,以免堵塞微小的通道。

5)总结经验、记载归档

正确排除故障后应总结经验和教训。将本次产生故障的现象、部位及排除方法的全过程、改进措施、建议等作为原始资料记入设备技术档案保存。

3. 液压系统故障诊断的方法

液压系统故障诊断的方法,一是采用专用仪器的精密诊断法,二是简易诊断法。简易诊断法又称感觉诊断法,它是维修人员利用简单的诊断仪器和人的感觉并结合个人实践经验来诊断液压系统出现的故障。这种方法简便易行,目前仍应用广泛。下面主要介绍感觉诊断法。

1)视觉诊断法

用眼睛观察液压系统工作情况。观察液压缸活塞杆或工作台等运动部件工作时的动作有无、速度快慢、有无跳动爬行;观察各油压点的压力值变化过程、大小及波动;观察油液的温度是多少,油液是否清洁、是否变色,油标显示的油量高低,油黏度的浓淡,油的表面是否有泡沫;观察液压管路各接头处、阀板结合处、液压缸端盖处、液压泵传动轴处等是否有渗漏、滴漏和出现油垢现象;观察从设备加工出来的产品,间接判断运动机构的工作状态、系统压力和流量的稳定性;观察电磁铁的指示灯、指示块,判断电磁铁的工作状态、位置。判断液压元件各油口之间的通断情况,可用灌油法、吹气或吹烟法,出油、出烟气的油口为相通口,不出油、烟气的油口为不通口。

2)听觉诊断法

用耳听判断液压系统或液压元件的工作是否正常。一听噪声,听液压泵和液压系统噪声是否过大,频率是否正常,溢流阀等元件是否有啸叫声,听油路板内部是否有微细且连续不断的声音。二听液流声,听液压元件和管道内是否有液体流动声或其他声音;听到管内有"轰轰"声,为压力高而流速快的压力油在油管内的流动声;听到管内有"嗡嗡"声,为管内无油液而液压泵运转时的共振声;听到管内有"哗哗"声,为管内一般压力油的流动声;若一边敲击油管一边听检,听到清脆声为油管中没有油液,听到闷声为管中有油液。三听冲击声,听工作台换向时冲击声是否过大,液压缸活塞是否有撞击缸底的声音;听电磁换向阀的工作状态,交流电磁铁发出"嗡嗡"声是正常的,若发出冲击声,则是由于阀芯动作过快或电磁铁芯接触不良或压力差太大而发出的声响。

听检判断液压油在油管中的流通情况,可用一把螺丝刀,一端贴在耳边,另一端接触被检部位。

3）触觉诊断法

用手摸部件感觉部件运动和温升状况。一摸温升,摸液压泵外壳、油箱外壁和阀体外壳、电磁铁线圈的温度,若手指触摸感觉较凉者,约为 20 ℃以下;若手指触摸感觉暖而不烫者,为 30 ～40 ℃;若手指触摸感觉热而烫但能忍受者,为 40～50 ℃;若手指触摸感觉烫并只能忍耐两三秒者,为 50～60 ℃;若手指触摸感觉烫并急缩回者,约为 70 ℃以上。一般温度在 60 ℃以上是不正常的,就应检查原因。二摸振动,用手摸运动部件和油管,可感到振动有无和强弱情况;用手摸油管,可判断管内有无油液流动;若手指没有任何震感者,为无油的空油管;若手指有不间断的连续微震感者,为有压力油的油管;若手指有无规则震颤感者,为有少量压力波动油的油管。三摸爬行,用手摸工作台,可判断低速时有无爬行。四摸松紧,用手摇挡铁、行程开关、螺母、接头等,可感觉松紧程度。

4）嗅觉诊断法

用鼻闻各种气味。液压油局部的"焦化"气味,指示液压元件局部有发热使周围液压油被烤焦,据此可判断其发热部位;闻液压油是否有臭味或刺鼻味,若有则说明液压油已严重污染,不能继续使用;闻元件电器部分是否有特殊的电焦味,可判断电气元件是否烧坏。

感觉判断最关键、最困难是分辨声音、震动在正常状态和在不正常状态之间的细微区别,这些难以用文字表达描述。这要求诊断者经常去听辨、触摸各种设备在不同状态下的声音、震动,使感觉敏锐,并积累声音、震动的记忆素材。

4. 液压系统拆卸应注意的问题

实行清洗、调整等方法无效后,就要采用拆卸检查。

(1)在拆卸液压系统以前,必须弄清液压回路内是否有残余的压力,把溢流阀完全松开。拆卸装有蓄能器的液压系统之前,必须把蓄能器所蓄能量全部释放出来。如果不了解系统回路中有无残余压力而盲目拆卸,则可能发生重大机械或人身事故。

(2)在拆装受重力作用部件时,应将其放至最低的稳定面,或用稳固的柱子支好。不要将柱子支承在液压缸或活塞杆上,以免液压元件承受弯曲力。

(3)液压系统的拆卸最好按部件进行,从待修的机械上拆下一个部件,经性能试验,不合格者才进一步分解拆卸,检查修理。

(4)液压系统内部结构的拆卸操作应十分仔细,以减少损伤。拆下零件的螺纹部分和密封面要防止碰伤。

(5)拆下的细小零件要防止丢失、错乱。在拆卸油管时,要及时在拆下的油管上挂标签,以防装错位置。拆卸下来的泵、马达和阀的油口要盖好防尘。

任务 5　液压系统常见故障分析及排除

在液压设备使用过程中，液压系统可能出现的故障多种多样。它们有的是由单一元件失灵而引起的。即使是同一种故障，其产生的原因也不一样，特别是液压与机械、电气等相结合的设备。一旦发生故障，必须对引起故障的因素逐一分析，注意到其内在联系，找出主要矛盾，方能解决问题。由于液压系统中的一些元件一旦出现故障，不宜直接从外部观察，测量方面又不如电气系统方便，所以查找故障原因需花费时间，故障的排除也比较困难。

1. 油液污染造成的故障分析及排除方法

液压设备出现的故障很大程度上与油液的污染有关，如何防止油液受到污染是避免设备出现某些故障的重要因素。

1）油液中侵入空气

油液中如果侵入空气，在油箱中就会产生气泡，而气泡是导致压力波动，产生噪声、振动、运动部件产生爬行，换向冲击等故障的重要原因之一。当气泡迅速受到压缩时，会产生局部高温，使油液蒸发、氧化，致使油液变质、变黑，油液受到污染。空气的侵入主要是因为管接头和液压元件的密封不良及油液质量较差等因素造成的。所以要经常检查管接头及液压元件的连接处密封情况并及时更换不良密封件。

2）油液中混入水分

油液中混入一定量的水分后，会变成乳白色，同时这些水分会使液压元件生锈、磨损以致出现故障。导致混入水分的原因主要有：从油箱盖上进入冷却液；水冷却器或热交换器渗漏及温度高的空气侵入油箱等。防止油液混入水分的主要方法是，严防由油箱盖进入冷却液和及时更换破损的水冷却器、热交换器等。若水分太多，应采取有效措施将水分去除或更换新油。

3）油液中混入各种杂质

油液中若混入杂质，能引起泵、阀等元件中活动件的卡死及小孔、缝隙的堵塞，导致故障发生。油中混入杂质还会加快元件的磨损，引起内泄漏的增加，磨损严重时，使阀控制失效，造成液压设备不能工作，降低液压元件的寿命。

为了延长液压元件使用寿命，保证液压系统可靠工作，防止油液污染是必要的手段。应力求减少外来污染，液压系统组装前后要严格清洗，油箱通大气处要加空气过滤器，维修拆卸元件时最好在无尘区进行。要定时清洗系统中的过滤器，控制油液的温度在 60 ℃以下，并定期检查和更换液压油。

2. 液压系统常见故障的分析及排除方法

液压系统常见故障产生的原因及排除方法如表 8-4 所示。

表 8－4　液压系统常见故障产生的原因及排除方法

故障现象	产生原因	排除方法
系统无压力或压力不足	1. 溢流阀开启，由于阀芯被卡住，不能关闭，因此阻尼孔堵塞，阀芯与阀座配合不好或弹簧失效； 2. 其他控制阀阀芯由于故障卡住，引起卸荷； 3. 液压元件磨损严重，或密封损坏，造成内、外泄漏； 4. 液位过低，吸油堵塞或油温过高； 5. 泵转向错误，转速过低或动力不足	1. 修研阀芯与壳体，清洗阻尼孔，更换弹簧； 2. 找出故障部位，清洗或修研，使阀芯在阀体内运动灵活； 3. 检查泵、阀及管路各连接处的密封性，修理或更换零件和密封； 4. 加油，清洗吸油管或冷却系统； 5. 检查动力源
流量不足	1. 油箱液位过低，油液黏度大，过滤器堵塞引起吸油阻力大； 2. 液压泵转向错误，转速过低或空转磨损严重，性能下降； 3. 回油管在液位以上，空气进入； 4. 蓄能器漏气，压力及流量供应不足； 5. 其他液压元件及密封件损坏引起泄漏； 6. 控制阀动作不灵活	1. 检查液位，补油，更换黏度适宜的液压油，保证吸油管直径； 2. 检查原动机、液压泵及液压泵变量机构，必要时换泵； 3. 检查管路连接及密封是否正确可靠； 4. 检查蓄能器性能与压力； 5. 修理或更换； 6. 调整或更换
泄漏	1. 接头松动，密封损坏； 2. 板式连接或法兰连接接合面螺钉预紧力不够或密封损坏； 3. 系统压力长时间大于液压元件或辅件额定工作压力； 4. 油箱内安装水冷式冷却器，如油位高，则水漏入油中，如油位低，则油漏入水中；	1. 拧紧接头，更换密封； 2. 预紧力应大于液压力，更换密封； 3. 元件壳体内压力不应大于油封许用压力，换密封； 4. 拆修
过热	1. 冷却器通过能力小或出现故障； 2. 液位过低或黏度不适合； 3. 油箱容量小或散热性差； 4. 压力调整不当，长期在高压下工作； 5. 油管过细过长，弯曲太多造成压力损失增大，引起发热； 6. 系统中由于泄漏、机械摩擦造成功率损失过大； 7. 环境温度高； 8. 选用的阀类元件规格过小，造成通过阀的油液流速过高而压力损失增大，导致发热； 9. 液压油路堵塞，引起系统散热不足	1. 排除故障或更换冷却器； 2. 定期检查油位或更换黏度合适的油液； 3. 增大油箱容量，增设冷却装置； 4. 调整溢流阀压力至规定值，必要时改进回路； 5. 改变油管规格及油管路； 6. 检查泄漏，改善密封，提高运动部件加工精度、装配精度和润滑条件； 7. 尽量减少环境温度对系统的影响； 8. 选择合适规格的阀类元件； 9. 保证液压油的清洁度，避免滤网堵塞

项目8　液压系统的安装、维护与故障处理

续表 8-4

故障现象	产生原因	排除方法
振动	1. 液压泵：吸入空气，安装位置过高，吸油阻力大，齿轮齿形精度不够，叶片卡死断裂，柱塞卡死移动不灵活，零件磨损使间隙过大； 2. 液压油：液位太低，吸油管插入油面深度不够，油液黏度太大，过滤堵塞； 3. 溢流阀：阻尼孔堵塞，阀芯与阀座配合间隙过大，弹簧失效； 4. 其他阀芯移动不灵活； 5. 管道：管道细长，没有固定装置，互相碰击，吸油管与回油管太近； 6. 电磁铁：电磁铁焊接不良，弹簧过硬或损坏，阀芯在阀体内卡住； 7. 机械：液压泵与电机联轴器不同心或松动，运动部件停止时有冲击，换向缺少阻尼，电动机振动	1. 更换进油口密封，吸油口管口至泵吸油口高度要小于 500 mm，保证吸油管直径，修复或更换损坏零件； 2. 加油，吸油管加长浸到规定深度，更换合适黏度液压油，清洗过滤器； 3. 清洗阻尼孔，修配阀芯与阀座间隙，更换弹簧； 4. 清洗，去毛刺； 5. 指设固定装置，扩大管道间距离及吸油管和回油管距离； 6. 重新焊接，更换弹簧，清洗及研配阀芯和阀体； 7. 保持泵与电机轴的同心度不大于 0.1 mm，采用弹性联轴器，紧固螺钉，设阻尼或缓冲装置，电动机作平衡处理
冲击	1. 蓄能器充气压力不够； 2. 工作压力过高； 3. 先导阀、换向阀制动不灵及节流缓冲慢； 4. 液压缸端部没有缓冲装置； 5. 溢流阀故障使压力突然升高； 6. 系统中有大量空气	1. 给蓄能器充气； 2. 调整压力至规定值； 3. 减少制动锥斜角或增加制动锥长度，修复节流缓冲装置； 4. 增设缓冲装置或背压阀； 5. 修理或更换； 6. 排除空气

创新突破——2500 千焦液压打桩锤

2019 年底，我国首台套具有完全自主知识产权的 2500 千焦液压打桩锤，通过了船级社第三方认证，这标志着国产最大规格海上作业液压打桩锤研制成功。

液压打桩锤是一种以液压油作为工作介质，利用液压油的压力来传递动力，驱动锤芯进行打桩作业的基础施工装备，是目前海洋资源开发施工的主力装备。随着海洋强国战略不断深入实施，国内对大型液压打桩锤的需求巨大，但大型打桩锤技术开发难度大、风险高，目前全球市场由欧洲公司垄断，我国所用大型液压打桩锤全部依赖进口，严重制约我国海洋强国战略的发展步伐。

为响应国家创新驱动发展战略的新要求，为装备制造强国和海洋强国建设积极贡献力量，中国机械科学研究总院集团有限公司北京机电研究所有限公司旗下中机锻压江苏股份有限公司联合中国交通建设集团有限公司国家能源集团旗下江苏龙源振华海洋工程有限公司开展大型打桩锤的关键核心技术攻关。项目完成了整体基础桩沉桩作业，获国际权威机构第三方认证,性能参数领先或接近国际先进水平,被北京市和中关村科技园区管委会列为"国家自主创新示范区首台重大技术装备"。

中国机械科学研究总院集团副总经理李建友表示,中国首台具有完整自主知识产权的2500千焦大型液压打桩锤研制成功,顺利通过试验,替代进口产品,为大型液压打桩锤的国产化、规模化奠定坚实的基础。公司将持续练好"内功",在解决国家"有与没有"、受制于人的问题上,站得出、冲得上、攻得下,掌握关键技术自主权。

习题 8

一、填空题

1. 液压系统的安装包括(　　　　)、(　　　　)和(　　　　)。
2. 负载试车时一般先在低于(　　　　)的条件下试车,以进一步检查系统的运行质量和存在问题。
3. 低温下,油温应达到(　　　　)℃以上才准许动作;油温高于(　　　　)℃时应注意系统工作情况,异常升温时,应停车检查。
4. 停机 4 h 以上的设备应先使液压泵空载运行(　　　　)min,然后再启动执行机构工作。
5. 液压系统的维护主要分为(　　　　)、(　　　　)和(　　　　)。

二、简答题

1. 安装液压系统时应注意什么问题?
2. 简述调试液压系统的一般步骤和方法?
3. 如何正确使用和维护液压系统?
4. 如何防止液压油污染?
5. 简述液压系统故障的特点。
6. 简述液压系统故障排除的五个步骤。

项目 9　气压传动的工作原理及应用

　　气压传动是以压缩空气作为工作介质进行能量传递的一种传动方式。气压传动及其控制技术(简称气动技术)目前在国内外工业生产中应用较多,它与液压、机械、电气和电子技术一起互相补充,已成为实现生产过程自动化的一个重要手段。

项目 9

知识目标

1. 了解气压传动的组成、基本工作原理和特点；
2. 熟悉气压传动的气源装置及辅助元件；
3. 掌握气动执行元件的种类及工作原理；
4. 掌握气动控制元件的工作原理与结构特点；
5. 掌握气动基本回路的功能；
6. 熟悉气动系统使用的注意事项。

技能目标

1. 能正确识读气动元件职能符号；
2. 能正确识读气动系统的原理图；
3. 能正确分析气动系统的工作过程；
4. 能根据气动系统原理图完成气动系统的安装；
5. 能完成气动系统的调试；
6. 能正确对气动系统进行维护与保养。

素质目标

1. 树立标准意识；
2. 养成独立思考与分析问题的能力；
3. 培养严谨认真、科学务实的工作态度；
4. 培养勇于探索、敢为人先的创新精神；
5. 养成执着专注、精益求精的工匠精神。

任务 1　气压传动工作原理分析

1. 气压传动系统的工作原理

气压传动（简称气动）系统是利用空气压缩机将电动机、内燃机或其他原动机输出的机械能转变为空气的压力能，然后在控制元件的控制及辅助元件的配合下，利用执行元件把空气的压力能转变为机械能，从而完成直线或回转运动并对外做功。

2. 气压传动系统的组成

典型的气压传动系统如图 9-1 所示，一般由以下四部分组成：气压发生装置、控制元件、执行元件和辅助元件。

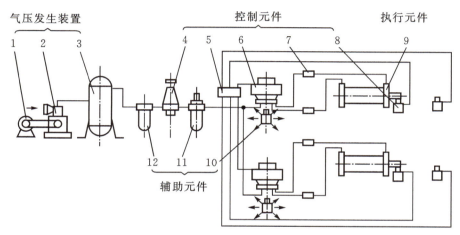

1—电动机；2—空气压缩机；3—储气罐；4—压力控制阀；5—逻辑元件；6—方向控制阀；
7—流量控制阀；8—行程阀；9—气缸；10—消声器；11—油雾器；12—空气过滤器。

图 9-1　气动系统的组成示意图

1）气压发生装置

它的作用是将原动机输出的机械能转变为空气的压力能。其主要设备是空气压缩机，简称为空压机。

2）控制元件

控制元件用来控制压缩空气的压力、流量和流动方向，以保证执行元件具有一定的输出力和速度并按设计的程序正常工作，如压力阀、流量阀、方向阀和逻辑阀等。

3）执行元件

执行元件是将空气的压力能转变为机械能的能量转换装置，如气缸和气马达。

4）辅助元件

辅助元件用于辅助保证气动系统正常工作的一些装置，如各种干燥器、空气过滤器、消声器和油雾器等。

3. 气压传动的特点

由于气压传动的工作介质是空气，具有压缩性大、黏性小、清洁度和安全性高等特点，与液压油差别较大,因此气压传动与液压传动在性能、使用方法、使用范围和结构上也存在较大的差别。

1) 气压传动的优点

(1) 气动动作迅速、反应快(0.02 s),调节控制方便,维护简单,不存在介质变质及补充等问题。

(2) 便于集中供气和远距离输送控制。因空气黏度小(约为液压油的万分之一),在管内流动阻力小,压力损失小。

(3) 气动系统对工作环境适应性好。特别在易燃、易爆、多尘埃、强磁、辐射、振动等恶劣工作环境中工作时,安全可靠性优于液压、电子和电气系统。

(4) 因空气具有可压缩性,能够实现过载保护,也便于储气罐储存能量,以备急需。

(5) 以空气为工作介质,易于取得,节省了购买、储存、运输介质的费用和麻烦;用后的空气直接排入大气,处理方便,也不污染环境。

(6) 气动元件结构简单,成本低,寿命长,易于标准化、系列化和通用化。

(7) 可以自动降温。因排气时气体膨胀,温度降低。

(8) 与液压传动一样,操作控制方便,易于实现自动控制。

2) 气压传动的缺点

(1) 由于空气有可压缩性,所以气缸的动作速度受负载变化影响较大。

(2) 工作压力较低(一般为 0.4~0.8 MPa),因而气动系统输出动力较小。

(3) 气动系统有较大的排气噪声。

(4) 工作介质空气没有自润滑性,需另加装置进行给油润滑。

(5) 空气净化处理复杂。气源中的杂质和水蒸气必须进行净化处理。

4. 气压传动的应用

气压传动在相当长的时间内被用来执行简单的机械动作,但近年来,气动技术在自动化技术的应用和发展中起到了极其重要的作用,并得到了广泛应用和迅速发展。表 9-1 列举了气压传动在各工业领域中的应用。

表 9-1　气压传动在各工业领域中的应用

工业领域	应用
机械工业	自动生产线,各类机床、工业机械手和机器人,零件加工及检测装置
轻工业	气动上下料装置,食品包装生产线,气动罐装装置,制革生产线
化工	化工原料输送装置,石油钻采装置,射流负压采样器
冶金工业	冷轧、热轧装置气动系统,金属冶炼装置气动系统,水压机气动系统
电子工业	印刷电路板自动生产线,家用电器生产线,显像管转运机械手气动装置

任务 2　气源装置和辅助元件工作原理分析

9.2.1　气源装置

气源装置是用来产生具有足够压力和流量的压缩空气,并将其净化、处理及储存的一套装置。

图 9-2 所示为常见的气源装置。

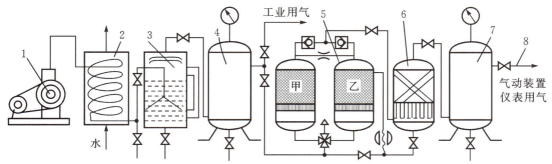

1—空气压缩机;2—后冷却器;3—除油器;4—储气罐;5—干燥器;6—过滤器;7—储气罐;8—输气管道。

图 9-2　气源装置的组成示意图

1. 空气压缩机

空气压缩机是将电机输出的机械能转变为气体压力能输送给气动系统的装置,是气动系统的动力源。

空气压缩机的种类很多,但按工作原理主要可分为容积式和速度式(叶片式)两类。最常用的往复活塞式空气压缩机,其工作原理如图 9-3 所示。

图 9-3 中,曲柄 8 作回转运动,通过连杆 7、滑块 5、活塞杆 4 带动活塞 3 做往复直线运动。当活塞 3 向右运动时,气缸 2 的密封腔内形成局部真空,吸气阀 9 打开,空气在大气压力作用下进入气缸,此过程称为吸气过程;当活塞向左运动时,吸气阀关闭,缸内空气被压缩,此过程称为压缩过程;当气缸内被压缩的空气压力高于排气管内的压力时,排气阀 1 即被打开,压缩空气进入排气管内,此过程称为排气过程。图 9-3 中所示为单缸式空气压缩机,工程实际中常用的空气压缩机大都是多缸式的。

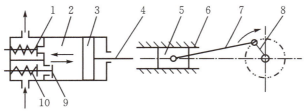

1—排气阀;2—气缸;3—活塞;4—活塞杆;5—滑块;
6—滑道;7—连杆;8—曲柄;9—吸气阀;10—弹簧。

图 9-3　活塞式空气压缩机的工作原理

2. 后冷却器

后冷却器安装在压缩机出口的管道上,将压缩机排出的压缩气体温度由140～170 ℃降至40～50 ℃,使其中的水汽、油雾气凝结成水滴和油滴,以便经除油器析出。套管式冷却器的结构如图9-4所示,压缩空气在外管与内管之间流动。这种冷却器流通截面小,易达到高速流动,有利于散热冷却。管间清理也较方便,但其结构笨重,消耗金属量大,主要用在流量不太大,散热面积较小的场合。

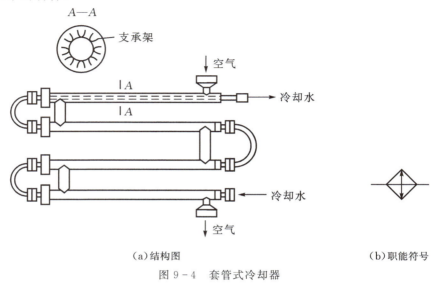

(a)结构图　　　　　　　　　　(b)职能符号

图9-4　套管式冷却器

3. 除油器

除油器的作用是分离压缩空气中凝聚的水分和油分等杂质。使压缩空气得到初步净化,其结构形式有:环形回转式、撞击折回式、离心旋转式和水浴式等。

图9-5为撞击折回并环形回转式除油器结构原理图。压缩空气自入口进入后,因撞击隔板而折回向下,继而又回升向上,形成回转环流,使水滴、油滴和杂质在离心力和惯性力作用下,从空气中分离析出,并沉降在底部,定期打开底部阀门排出,初步净化的空气从出口送往储气罐。

4. 空气干燥器

空气干燥器的作用是为了满足精密气动装置用气,把初步净化的压缩空气进一步净化以吸收和排除其中的水分、油分及杂质,使湿空气变成干空气。由图9-2可知,从压缩机输出的压缩空气经过冷却器、除油器和储气罐的初步净化处理后已能满足一般气动系统的使用要求。但对一些精密机械、仪表等装置还不能满足要求。为此需要进一步净化处理,为防止初步净化后的气体中的含湿量对精密机械、仪表产生锈蚀,为此要进行干燥和再精过滤。

压缩空气的干燥方法主要有机械法、离心法、冷冻法和吸附法等。机械和离心除水法的原理基本上与除油器的工作原理相同。目前在工业上常用的是冷冻法和吸附法。

1)冷冻式干燥器

冷冻式干燥器使压缩空气冷却到一定的露点温度,然后析出相应的水分,使压缩空气达到一定的干燥度。此方法适用于处理低压大流量,并对干燥度要求不高的压缩空气。压缩空气的

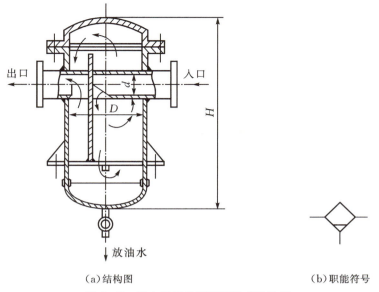

(a) 结构图　　　　　　　　　(b) 职能符号

图 9-5　撞击折回并环形回转式除油器

冷却除用冷冻设备外,也可采用制冷剂直接蒸发,或用冷却液间接冷却的方法。

2) 吸附式干燥器

吸附式干燥器主要是利用硅胶、活性氧化铝、焦炭、分子筛等物质表面能吸附水分的特性来清除水分的。由于水分和这些干燥剂之间没有化学反应,所以不需要更换干燥剂,但必须定期再生干燥。

5. 空气过滤器

空气过滤器的作用是滤除压缩空气的水分、油滴及杂质微粒,以达到气动系统所要求的净化程度。过滤的原理是根据固体物质和空气分子的大小和质量不同,利用惯性、阻隔和吸附的方法将灰尘和杂质与空气分离。它属于二次过滤器,大多与减压阀、油雾器一起构成气动三联件,安装在气动系统的入口处。

6. 储气罐

储气罐的作用是消除压力脉动,保证输出气流的连续性;储存一定数量的压缩空气,调节用气量或以备发生故障和临时需要应急使用;依靠绝热膨胀和自然冷却使压缩空气降温而进一步分离其中的水分和油分。

储气罐一般采用圆筒状焊接结构,有立式和卧式两种,一般以立式居多。立式储气罐的高度 H 为其直径 D 的 $2\sim3$ 倍,同时应使进气管在下,出气管在上,并尽可能加大两管之间的距离,以利于进一步分离空气中的油水。

9.2.2　气动辅助元件

1. 油雾器

油雾器是气压系统中一种特殊的注油装置,其作用是把润滑油雾化后,经压缩空气携带进入系统中各润滑部位,满足润滑的需要。其优点是方便、干净、润滑质量高。

油雾器在安装使用中常与空气过滤器和减压阀一起构成气动三联件,尽量靠近换向阀垂直安装,进出气口不要装反。油雾器供油量一般以 10 m³ 自由空气用 1 mL 油为标准,使用中可根据实际情况调整。

2. 消声器

消声器的作用是排除压缩气体高速通过气动元件排到大气时产生的刺耳噪声污染。消声器能阻止声音传播而允许气流通过,气动装置中的消声器主要有阻性消声器、抗性消声器及阻抗复合消声器三大类。

在消声器的选择上要注意排气阻力不宜太大,以免影响控制阀切换速度。

3. 转换器

转换器是将电、液、气信号相互间转换的辅件,用来控制气动系统工作。

1) 气-电转换器

图 9-6 所示为低压气-电转换器。它是把气信号换成电信号的元件。硬芯与焊片是两个常断电触点。当有一定压力的气动信号由信号输入口进入后,膜片向上弯曲,带动硬芯与限位螺钉接触,即与焊片导通,发出电信号。气信号消失后,膜片带动硬芯复位,触点断开,电信号消失。

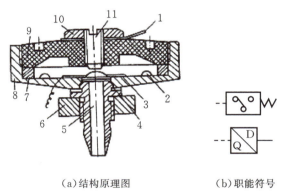

(a) 结构原理图　　　(b) 职能符号

1—焊片;2—硬芯;3—膜片;4—密封垫;5—气动信号输入孔;
6,10—螺母;7—压圈;8—外壳;9—盖;11—限位螺钉。

图 9-6　气-电转换器

在选择气-电转换器时要注意信号工作压力大小、电源种类、额定电压和额定电流大小,安装时不应倾斜和倒置,以免发生误动作,控制失灵。

2) 电-气转换器

图 9-7 为电-气转换器,其作用与气-电转换器相反,是将电信号转换为气信号的元件。当无电信号时,在弹性支撑件 2 的作用下橡胶挡板 5 上抬,喷嘴 6 打开,气源输入气体经喷嘴排空,输出口无输出。当线圈 3 通有电信号时,产生磁场吸下衔铁,利用杠杆 4 下压橡胶挡板挡住喷嘴,输出口有气信号输出。

3) 气-液转换器

图 9-8 是气-液转换器,它是把气压直接转换成液压的压力装置。压缩空气自上部进入转换器内,直接作用在油面上,使油液液面产生与压缩空气相同的压力,压力油从转换器下部引出

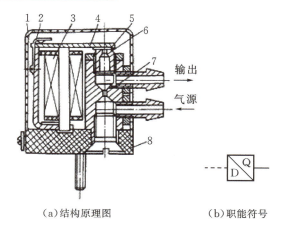

(a) 结构原理图　　　　(b) 职能符号

1—罩壳；2—弹性支撑；3—线圈；4—杠杆；5—橡胶挡板；6—喷嘴；7—固定节流孔；8—底座。

图 9-7　电-气转换器

供液压系统使用。

气-液转换器选择时应考虑液压执行元件的用油量，一般应是液压执行元件用油量的 5 倍。转换器内装油不能太满，液面与缓冲装置间应保持 20~50 mm 以上距离。

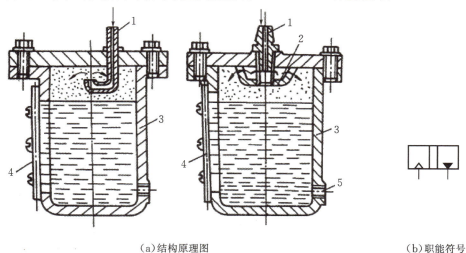

(a) 结构原理图　　　　(b) 职能符号

1—空气输入管；2—缓冲装置；3—本体；4—油标；5—油液输出口。

图 9-8　气-液转换器

▶ 任务 3　气动执行元件工作原理分析

在气动系统中将压缩空气的压力能转换为机械能，驱动工作机构做直线往复运动、摆动或者旋转运动的元件称为气动执行元件。按运动方式的不同分为气缸、摆动缸和气马达。

9.3.1 气缸

1. 气缸的分类

气缸的种类很多,分类的方法也不同,一般可按压缩空气作用在活塞端面上的方向、结构特征、安装形式和功能来分类。

(1) 按压缩空气在活塞端面作用力的方向分:单作用气缸和双作用气缸。
(2) 按气缸的结构特征分:活塞式、薄膜式、柱塞式、摆动式等。
(3) 按气缸的安装方式分:固定式、轴销式、回转式、嵌入式。
(4) 按气缸的功能分:普通气缸、缓冲气缸、气-液阻尼缸、冲击气缸、步进气缸。

2. 气缸的组成

以图9-9所示的最常用的单杆双作用普通气缸结构示意图为例进行说明,气缸主要由缸筒、活塞、活塞杆、前后端盖及密封件和紧固件等组成。

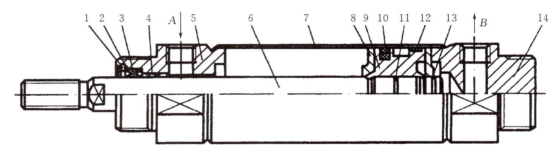

1,13—弹簧挡圈;2—防尘圈压板;3—防尘圈;4—导向套;5—杆侧端盖;6—活塞杆;
7—缸筒;2—缓冲垫;9—活塞;10—活塞密封圈;11—密封圈;12—耐磨环;14—无杆侧端盖。

图9-9 双作用普通气缸

缸筒在前后缸盖之间固定连接。有活塞杆侧的缸盖为前缸盖,缸底侧则为后缸盖。一般缸盖上开有进排气通口,有的还设有气缓冲机构。前缸盖上,设有密封圈、防尘圈,同时还设有导向套,以提高气缸的导向精度。活塞杆与活塞紧固相连。活塞上除有密封圈防止活塞左右两腔相互串气外,还有耐磨环以提高活塞的导向性;带磁性开关的气缸,活塞上装有磁环。活塞两侧常装有橡胶垫作为缓冲垫。如果是气缓冲,则活塞两侧沿轴线方向设有缓冲柱塞,同时缸盖上有缓冲节流阀和缓冲套,当气缸运动到端头时,缓冲柱塞进入缓冲套,气缸排气需经缓冲节流阀,排气阻力增加,产生排气背压,形成缓冲气垫,起到缓冲作用。

3. 其他常用气缸

1) 气-液阻尼缸

气-液阻尼缸由气缸和液压缸组合而成,它以压缩空气为能源,利用油液的不可压缩性和控制流量来获得活塞的平稳运动和调节活塞的运动速度。与气缸相比,它传动平稳,停位精确、噪声小,与液压缸相比,它不需要液压源,经济性好,同时具有气缸和液压的优点,因此得到了越来越广泛的应用。图9-10所示为串联式气-液阻尼缸的工作原理。

项目9　气压传动的工作原理及应用

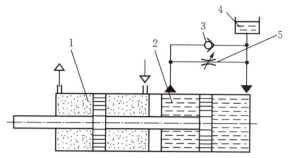

1—压缩空气；2—油液；3—单向阀；4—油箱；5—节流阀。

图 9-10　串联式气-液阻尼缸

2）薄膜式气缸

图 9-11 所示为薄式膜气缸，它是一种利用膜片在压缩空气作用下产生变形来推动活塞杆做直线运动的气缸，主要由缸体 1、膜片 2、膜盘 3 及活塞杆 4 等组成。

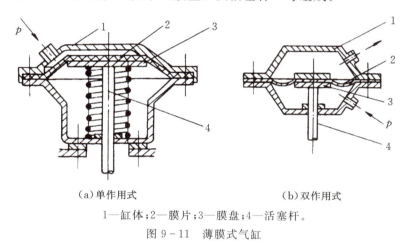

（a）单作用式　　　　　　（b）双作用式

1—缸体；2—膜片；3—膜盘；4—活塞杆。

图 9-11　薄膜式气缸

薄膜式气缸的特点是结构紧凑，重量轻，维修方便，密封性能好，制造成本较低，广泛应用于化工生产过程的调节器上。

9.3.2　摆动缸

摆动缸是利用压缩空气驱动输出轴在小于 360°的角度范围内做往复摆动的气动执行元件，多用于物体的转位、工件的翻转、阀门的开闭等场合。摆动缸按结构特点分为叶片式和齿轮齿条式两种。

9.3.3　气动马达

1. 气动马达的工作原理

气动马达是将压缩空气的压力能转换成机械能的能量转换装置，输出转速和转矩，驱动机构做旋转运动，相当于液压马达或电动机。图 9-12 是叶片式气动马达工作原理图。

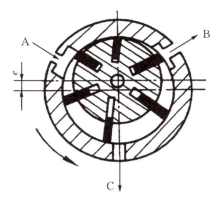

图 9-12 叶片式气动马达

叶片式气动马达主要用于风动工具、高速旋转机械及矿山机械等。

由于气动马达具有一些比较突出的特点,因此在某些工业场合,它比电动马达和液压马达更适用。

2. 气动马达的特点

(1) 具有防爆性能。由于气动马达的工作介质空气本身的特性和结构设计上的考虑,能够在工作中不产生火花,故适合于有爆炸、高温、多尘的场合,并能用于空气极潮湿的环境,而无漏电的危险。

(2) 马达本身的软特性使之能长期满载工作,温升较小,且有过载保护的性能。

(3) 有较高的启动转矩,能带载启动。

(4) 换向容易,操作简单,可以实现无级调速。

(5) 与电动机相比,单位功率尺寸小、重量轻,适用于安装在位置狭小的场合及手工工具上。

气动马达也具有输出功率小、耗气量大、效率低、噪声大和易产生振动等缺点。

在气压传动中使用最广泛的是叶片式和活塞式气动马达。

▶ 任务 4　气动控制元件及基本回路分析

9.4.1　方向控制阀及方向控制回路

方向控制阀按其作用特点可以分为单向型和换向型两种;按其阀芯结构不同可以分为截止式、滑阀式(又称滑柱式、柱塞式)、平面式(又称滑块式)、旋塞式和膜片式等几种。其中以截止式和滑阀式换向阀应用较多。

1. 单向型控制阀

单向型控制阀中包括单向阀、或门型梭阀、与门型梭阀和快速排气阀。

1) 单向阀

单向阀是指气流只能向一个方向流动而不能反向流动的阀,单向阀的工作原理、结构和图形符号与液压阀中的单向阀基本相同,只不过在气动单向阀中,阀芯和阀座之间有一层胶垫(软质密封)。

2) 或门型梭阀

或门型梭阀相当于两个单向阀的组合,如图9-13所示,它有两个输入口 P_1、P_2,一个输出口 A,阀芯在两个方向上起单向阀的作用。当 P_1 口进气时,阀芯将 P_2 口切断,P_1 与 A 口相通,A 口有输出。当 P_2 口进气时,阀芯将 P_1 口切断,P_2 与 A 口相通,A 口也有输出。当 P_1 口和 P_2 口都有进气时,活塞移向低压侧,使高压侧进气口与 A 口相通。如两侧压力相等,则先加入压力一侧与 A 口相通,后加入一侧关闭。图 9-14 是或门型梭阀应用实例。该回路应用或门型梭阀实现手动和电动操作方式的转换。

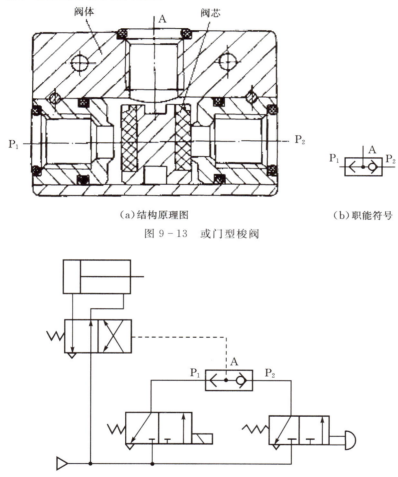

(a) 结构原理图　　(b) 职能符号

图 9-13　或门型梭阀

图 9-14　或门型梭阀应用回路

3) 与门型梭阀(双压阀)

与门型梭阀又称双压阀,它也相当于两个单向阀的组合,如图 9-15 所示,它有 P_1 和 P_2 两个输入口和一个输出口 A,只有当 P_1、P_2 同时有输入时,A 口才有输出,否则,A 口无输出,而当 P_1 和 P_2 口压力不等时,则关闭高压侧,低压侧与 A 口相通。图 9-16 所示是与门型梭阀应用实例。

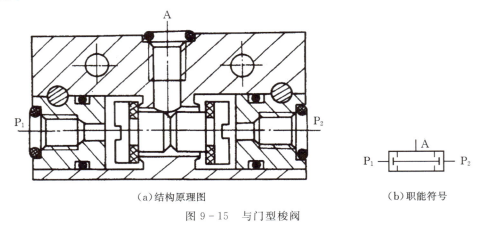

(a) 结构原理图　　　　　　　(b) 职能符号

图 9-15　与门型梭阀

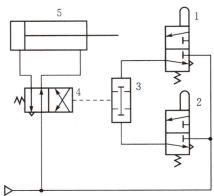

1,2—二位三通机动换向阀；3—与门型梭阀；4—二位四通气动换向阀；5—气缸。

图 9-16　与门型梭阀应用回路

2. 换向型控制阀

换向型控制阀用来改变压缩空气的流动方向，从而改变执行元件的运动方向。根据其控制方式分为气压控制、电磁控制、机械控制、手动控制、时间控制。

1）气压控制换向阀

气压控制换向阀是利用气体压力来使主阀芯运动而使气体改变流向的，按控制方式不同可分为加压控制、卸压控制和差压控制三种。

气控换向阀按主阀结构不同，又可分为截止式和滑阀式两种主要形式，滑阀式气控阀的结构和工作原理与液动换向阀基本相同，在此仅介绍截止式换向阀的工作原理。

图 9-17 所示为单气控截止式换向阀。图 9-17(a) 为没有控制信号 K 时的状态，阀芯在弹簧及 P 腔压力作用下关闭，阀处于排气状态；当输入控制信号 K 时，主阀芯下移，打开阀口使 P 与 A 相通，如图 9-17(b) 所示。

2）电磁控制换向阀

气压传动中的电磁控制换向阀和液压传动中的电磁控制换向阀一样，也由电磁铁控制部分和主阀两部分组成，按控制方式不同分为电磁铁直接控制（直动）式电磁阀和先导式电磁阀两种。它

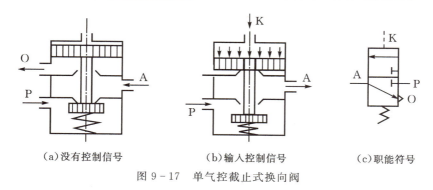

(a)没有控制信号　　　(b)输入控制信号　　　(c)职能符号

图 9-17　单气控截止式换向阀

们的工作原理分别与液压阀中的电磁阀和电液动阀相类似,只是二者的工作介质不同而已。

3. 方向控制回路

在气动系统中,执行元件的启动、停止或改变运动方向是利用控制进入执行元件的压缩空气的通、断或变向来实现的,这些控制回路称为换向回路,即方向控制回路。

1) 单作用气缸换向回路

图 9-18 (a) 为二位三通电磁阀控制的换向回路。电磁铁通电时靠气压使活塞上升;断电时靠弹簧作用(或其他外力作用)使活塞下降。该回路比较简单,但对由气缸驱动的部件有较高要求,以保证气缸活塞可靠退回。图 9-18 (b) 为两个二位二通电磁阀代替图 9-18 (a) 中的二位三通电磁阀控制单作用缸的回路。图 9-18 (c) 为三位三通电磁阀控制单作用气缸的回路。气缸活塞可在任意位置停留,但由于泄漏,其定位精度不高。

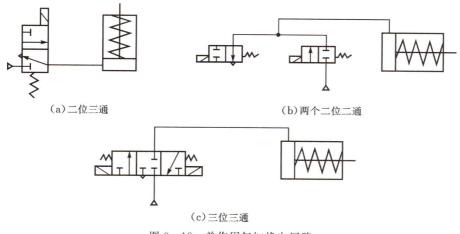

(a)二位三通　　　(b)两个二位二通

(c)三位三通

图 9-18　单作用气缸换向回路

2) 双作用气缸换向回路

图 9-19 为双作用气缸的换向回路。图 9-19 (a) 为二位五通电磁阀控制的换向回路。图 9-19 (b) 为二位五通单气控换向阀控制的换向回路,气控换向阀由二位三通手动换向阀控制切换。图 9-19 (c) 为双电控换向阀控制的换向回路。图 9-19 (d) 为双气控换向阀控制的换向回路,主阀由两侧的两个二位三通手动阀控制,手动阀可远距离控制,但两阀必须协调动作,不能同时按下。

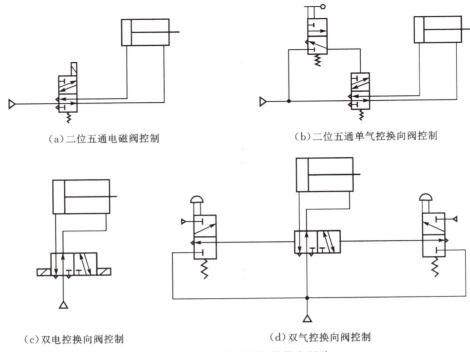

图 9-19 双作用气缸的换向回路

9.4.2 压力控制阀及压力控制回路

1. 减压阀

减压阀的作用是降低由空气压缩机来的压力,以适于每台气动设备的需要,并使这一部分压力保持稳定。按调节压力方式不同,减压阀有直动型和先导型两种。

1) 直动型减压阀

图 9-20 所示为 QTY 型直动型减压阀。

其工作原理是:阀处于工作状态时,压缩空气从左侧入口流入,经阀口 11 后再从阀出口流出。当顺时针旋转手柄 1,调压弹簧 2、3 推动膜片 5 下凹,再通过阀杆 6 带动阀芯 9 下移,打开进气阀口 11,压缩空气通过阀口 11 的节流作用,使输出压力低于输入压力,以实现减压作用。与此同时,有一部分气流经阻尼孔 7 进入膜片室 12,在膜片下部产生一向上的推力。当推力与弹簧的作用相互平衡后,阀口开度稳定在某一值上,减压阀就输出一定压力的气体。阀口 11 开度越小,节流作用越强,压力下降也越多。若输入压力瞬时升高,经阀口 11 以后的输出压力随之升高,使膜片气室内的压力也升高,破坏了原有的平衡,使膜片上移,有部分气流经溢流孔 4、排气口 13 排出。在膜片上移的同时,阀芯在弹簧 10 的作用下也随之上移,减小进气阀口 11 开度,节流作用加大,输出压力下降,直至达到膜片两端作用力重新平衡为止,输出压力基本上又回到原数值上。

相反,输入压力下降时,进气节流阀口开度增大,节流作用减小,输出压力上升,使输出压力基本回到原数值上。

项目9 气压传动的工作原理及应用

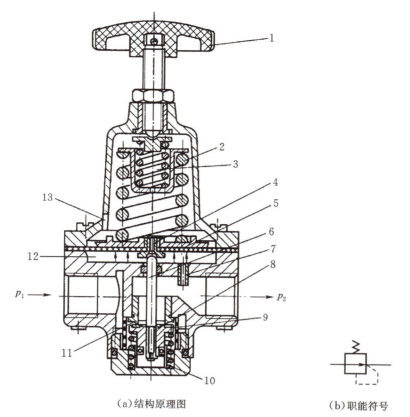

(a) 结构原理图　　　　　　(b) 职能符号

1—手柄;2,3—调压弹簧;4—溢流孔;5—膜片;6—阀杆;7—阻尼孔;
8—阀座;9—阀芯;10—复位弹簧;11—阀口;12—膜片室;13—排气口。

图 9-20　QTY 型直动型减压阀

减压阀选择时应根据气源压力确定阀的额定输入压力,气源的最低压力应高于减压阀最高输出压力 0.1 MPa 以上。减压阀一般安装在空气过滤器之后,油雾器之前。

2) 减压阀的应用

图 9-21 为减压阀应用实例。图 9-21(a)是由减压阀控制同时输出高低压力 p_1、p_2。图 9

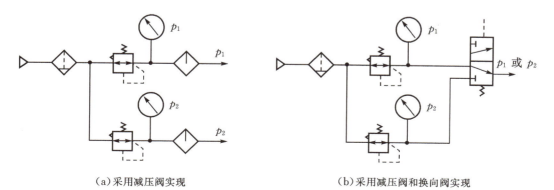

(a) 采用减压阀实现　　　　　　(b) 采用减压阀和换向阀实现

图 9-21　减压阀应用回路

-21(b)是利用减压阀和换向阀得到高低输出压力 p_1、p_2。该回路常用于气动设备之前,可根据需要用同一气源得到两种工作压力。

2. 溢流阀

溢流阀的作用是当系统压力超过调定值时,便自动排气,使系统的压力下降,以保证系统安全,故也称其为安全阀。按控制方式分,溢流阀有直动型和先导型两种。

1) 直动型溢流阀

如图 9-22 所示,将阀 P 口与系统相连接,O 口通大气,当系统中空气压力升高,一旦大于溢流阀调定压力时,气体推开阀芯,经阀口从 O 口排至大气,使系统压力稳定在调定值,保证系统安全。当系统压力低于调定值时,在弹簧的作用下阀口关闭。开启压力的大小与调整弹簧的预压缩量有关。

溢流阀选用时其最高工作压力应略高于所需控制压力。

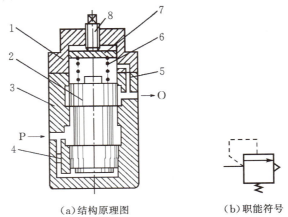

(a) 结构原理图　　(b) 职能符号

1—阀盖;2—阀芯;3—阀体;4—阻尼孔;5—泄油孔;6—调压弹簧;7—弹簧座;8—调压螺钉。

图 9-22　直动型溢流阀

2) 溢流阀的应用

图 9-23 所示回路中,气缸行程长,运动速度快,如单靠减压阀的溢流孔排气作用,难以保持气缸的右腔压力恒定。为此,在回路中装有溢流阀,并使减压阀的调定压力低于溢流阀的设定压力,缸的右腔在行程中由减压阀供给减压后的压力空气,左腔经换向阀排气。由溢流阀配

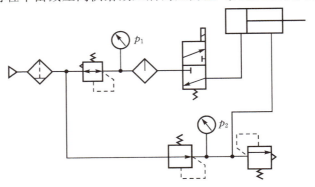

图 9-23　溢流阀应用回路

合减压阀控制缸内压力并保持恒定。

3. 顺序阀

顺序阀的作用是依靠气路中压力的大小来控制执行机构按顺序动作。顺序阀常与单向阀并联结合成一体,称为单向顺序阀。

1)单向顺序阀

图 9-24 为单向顺序阀的工作原理图,当压缩空气由 P 口进入腔 4 后,作用在活塞 3 上的力小于弹簧 2 上的力时,阀处于关闭状态。而当作用于活塞上的力大于弹簧力时,活塞被顶起,压缩空气经腔 4 流入腔 5 由 A 口流出,然后进入其他控制元件或执行元件,此时单向阀关闭。当切换气源时(见图 b),腔 4 压力迅速下降,顺序阀关闭,此时腔 5 压力高于腔 4 压力,在气体压力差作用下,打开单向阀,压缩空气由腔 5 经单向阀 6 流入腔 4 向外排出。

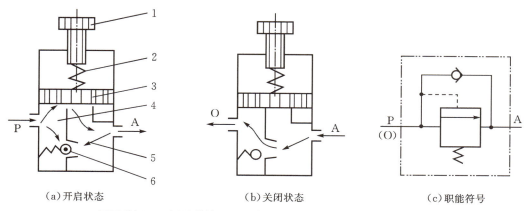

1—调压手柄;2—调压弹簧;3—活塞;4—阀左腔;5—阀右腔;6—单向阀。

图 9-24 单向顺序阀的工作原理图

2)顺序阀的应用

图 9-25 所示为用顺序阀控制两个气缸顺序动作的原理图。压缩空气先进入气缸 1,待建立一定压力后,打开顺序阀 4,压缩空气才开始进入气缸 2 使其动作。切断气源,气缸 2 返回的气体经单向阀 3 和排气孔 O 排空。

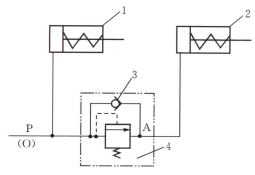

1,2—气缸;3—单向阀;4—顺序阀。

图 9-25 顺序阀应用回路

4. 压力控制回路

压力控制回路的功用是使系统保持在某一规定的压力范围内。

图 9-26(a)为常用的一种调压回路,是利用减压阀来实现对气动系统气源的压力控制。

图 9-26(b)为可提供两种压力的调压回路。气缸有杆腔压力由减压阀 4 调定,无杆腔压力由减压阀 5 调定。在实际工作中,通常活塞杆伸出和退回时的负载不同,采用此回路有利于减小能量消耗。

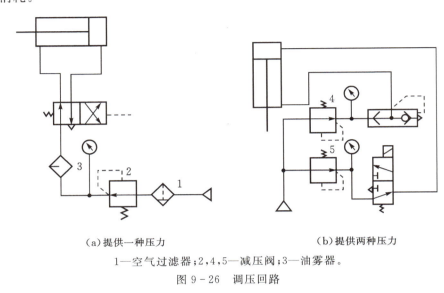

(a)提供一种压力　　　　　　　(b)提供两种压力

1—空气过滤器;2,4,5—减压阀;3—油雾器。

图 9-26　调压回路

9.4.3　流量控制阀及速度控制回路

1. 节流阀

节流阀的作用是通过改变阀的通流面积来调节流量,如图 9-27 所示。气体由输入口 P 进

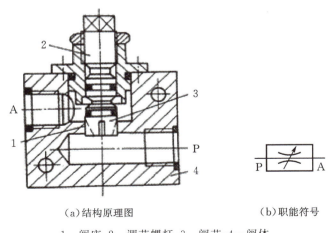

(a)结构原理图　　　　　(b)职能符号

1—阀座;2—调节螺杆;3—阀芯;4—阀体。

图 9-27　节流阀

入阀内,经阀座与阀芯间的节流通道从输出口 A 流出,通过调节螺杆使阀芯上下移动,改变节流口通流面积,实现流量的调节。

2. 快速排气阀

快速排气阀常装在换向阀和气缸之间,它使气缸不通过换向阀而快速排出气体,可以加快气缸往复动作速度。快速排气阀可使气缸运动速度提高 4～5 倍。图 9-28 为膜片式快速排气阀。

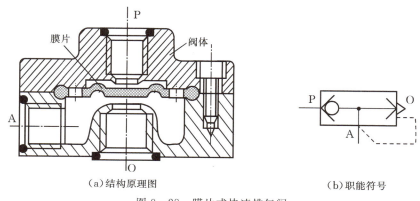

(a)结构原理图　　　(b)职能符号

图 9-28　膜片式快速排气阀

图 9-29 为快速排气阀的工作原理图。如图 9-29(a)所示,当进气口 P 进入压缩空气,将密封活塞迅速上推,开启阀口,同时关闭排气口 O,使进气口 P 和工作口 A 相通。

图 9-29(b)是 P 口没有压缩空气进入时,在 A 口和 P 口压差作用下,密封活塞迅速下降,关闭 P 口,使 A 口通过 O 口快速排气。

图 9-30 为快速排气阀在回路中的应用案例。它使气缸的排气不用通过换向阀而快速排出,从而加速了气缸往复的运动速度,缩短了工作周期。

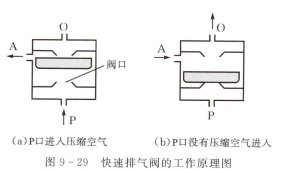

(a)P口进入压缩空气　　(b)P口没有压缩空气进入

图 9-29　快速排气阀的工作原理图

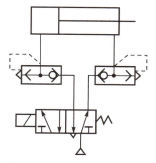

图 9-30　快速排气阀的应用

3. 速度控制回路

速度控制回路的功用在于调节或改变执行元件的工作速度。

1)单作用缸速度控制回路

图 9-31 为采用单向节流阀实现排气节流的速度控制回路。调节节流阀的开度实现气缸背压的控制,完成气缸双向运动速度的调节。

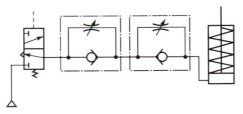

图 9-31 单作用气缸速度控制回路

2) 双作用缸速度控制回路

图 9-32(a) 为进口节流调速回路。活塞的运动速度靠进气侧的单向节流阀调节。该回路承载能力大,但不能承受负值负载,运动平稳性差,受外负载变化的影响大。它适用于对速度稳定性要求不高的场合。

图 9-32(b) 为出口节流调速回路。活塞的运动速度靠排气侧的单向节流阀调节。该回路可承受负值负载,运动平稳性好,受外负载变化的影响较小。

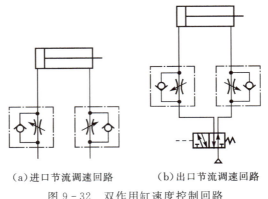

(a) 进口节流调速回路　　(b) 出口节流调速回路

图 9-32 双作用缸速度控制回路

任务 5　气动系统的应用与分析

1. 工件夹紧气动系统实例

图 9-33 是机械加工自动线、组合机床中常用的工件夹紧的气压传动系统图,其工作原理是:当工件运行到指定位置后,气缸 A 的活塞杆伸出,将工件定位锁紧后,两侧的气缸 B 和 C 的活塞杆同时伸出,从两侧面压紧工件,实现夹紧,而后进行机械加工。

其气压系统的动作过程如下:当用脚踏下脚踏换向阀 1 (在自动线中往往采用其他形式的换向方式)后,压缩空气经单向节流阀进入气缸 A 的无杆腔,夹紧头下降至锁紧位置后使机动行程阀 2 换向,压缩空气经单向节流阀 5 进入中继阀 6 的右侧,使阀 6 换向,压缩空气经阀 6 通过主控阀 4 的左位进入气缸 B 和 C 的无杆腔,两气缸同时伸出。与此同时,压缩空气的一部分经单向节流阀 3 调定延时后使主控阀换向到右侧,则两气缸 B 和 C 返回。在两气缸返回的过程中有杆腔的压缩空气使脚踏阀 1 复位,则气缸 A 返回。此时由于行程阀 2 复位(右位),所以中继阀 6 也复位,由于阀 6 复位,气缸 B 和 C 的无杆腔通大气,主控阀 4 自动复位,由此完成了

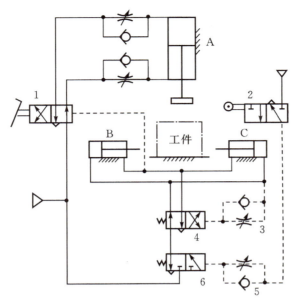

1—换向阀；2—行程阀；3,5—单向节流阀；4—主控阀；6—中继阀。

图 9-33 工件夹紧气动系统

一个缸 A 压下(A_1)→夹紧缸 B 和 C 伸出夹紧(B_1、C_1)→夹紧缸 B 和 C 返回(B_0、C_0)→缸 A 返回(A_0)的动作循环。

2. 气液动力滑台

气液动力滑台是采用气-液阻尼缸作为执行元件。由于在它的上面可安装单轴头、动力箱或工件，因而在机床上常用来作为实现进给运动的部件。

图 9-34 为气液动力滑台的回路原理图。图中阀 1、2、3 和阀 4、5、6 实际上分别被组合在一起，成为两个组合阀。

该种气液滑台能完成下面的两种工作循环。

1) 快进→慢进→快退→停止

当图 9-34 中阀 4 处于图示状态时，就可实现上述循环的进给程序。其动作原理为：当手动阀 3 切换至右位时，实际上就是给予进刀信号，在气压作用下，气缸中活塞开始向下运动，液压缸中活塞下腔油液经行程阀 6 的左位和单向阀 7 进入液压缸活塞的上腔，实现了快进；当快进到活塞杆上的挡铁 B 切换行程阀 6(使它处于右位)后，油液只能经节流阀 5 进入活塞上腔，调节节流阀的开度，即可调节气-液阻尼缸运动速度。所以，这时开始慢进(工作进给)。当慢进到挡铁 C 使机控阀 2 切换至左位时，输出气信号使阀 3 切换至左位，这时气缸活塞开始向上运动。液压缸活塞上腔的油液经阀 8 至图示位置而使油液通道被切断，活塞就停止运动。所以改变挡铁 A 的位置，就能改变"停"的位置。

2) 快进→慢进→慢退→快退→停止

把手动阀 4 关闭(处于左位)时就可实现上述的双向进给程序，其动作原理为：其动作循环中的快进→慢进的动作原理与上述相同；当慢进至挡铁 C 切换行程阀 2 至左位时，输出气信号使阀 3 切换至左位，气缸活塞开始向上运动，这时液压缸上腔的油液经行程阀 8 的左位和节流

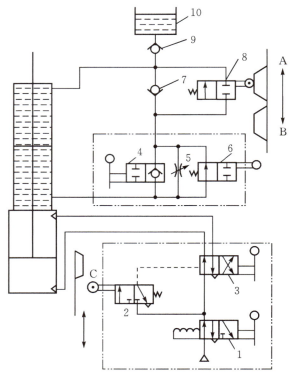

1—二位三通手动换向阀；2—二位三通行程阀；3—二位四通手动换向阀；
4—二位二通手动换向阀；5—节流阀；6,8—二位二通行程阀；7,9—单向阀；10—补油箱。

图 9-34 气液动力滑台回路原理

阀 5 进入液压活塞缸下腔,亦即实现了慢退(反向进给);当慢退到挡铁 B 离开阀 6 的顶杆而使其复位(处于左位)后,液压缸活塞上腔的油液就经阀 8 的左位,再经阀 6 的左位进入液压活塞缸下腔,开始快退;快退到挡铁 A 切换阀 8 至图示位置时,油液通路被切断,活塞就停止运动。

图中补油箱 10 和单向阀 9 仅仅是为了补偿系统中的漏油而设置的,因而一般可用油杯来代替。

3. 门户开闭装置

门的开闭形式多种多样,有推门、拉门、屏风式的折叠门、左右门扇的旋转门以及上下关闭的门等。在此就拉门的气动回路加以说明。

如图 9-35 为拉门的自动开闭回路。该装置通过连杆机械将气缸活塞杆的直线运动转换成门的开闭运动。利用超低压气动阀来检测行人的踏板动作。在踏板 6、11 的下方装有一端完全密封的橡胶管,而管的另一端与超低压气动阀 7 和 12 的控制口相连接,因此,当人站在踏板上时,橡胶管内的压力上升,超低压力气阀就开始工作。首先用手动阀 1 使压缩空气通过阀 2 让气缸 4 的活塞杆伸出来(关闭门)。若有人站在踏板 6 或 11 上,则超低压气阀 7 或 12 动作使气动阀 2 换向,气缸 4 的活塞杆收回(门打开)。

若是行人已走过踏板 6 和 11 一定时间,则阀 2 控制腔的压缩空气经由气容 10 和阀 9、8 组成的延时回路而排气,阀 2 复位,气缸 4 的活塞杆伸出使门关闭。由此可见,行人从门的哪边出入都可以。另外通过调节压力调节器 13 的压力,使由于某种原因把行人夹住时,也不至于使其达到受伤的程度。若将手动阀 1 复位(图中位置),则变动手动阀手柄位置。

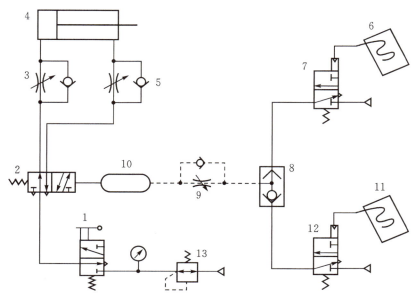

1—手动阀;2—二位五通换向阀;3,5,9—单向节流阀;4—气缸;
6,11 踏板;7,12—低压气阀;8—或门型梭阀;10—气容;13—调压阀。

图 9-35 拉门的自动开闭回路

4. 双手操作回路

图 9-36 为手动换向阀的双手操作回路。只有当两手同时按下手动阀 1、2 时,主控阀 3 才能切换到下位使气缸 4 的活塞杆伸出,对操作人员的手起到安全保护作用。这种回路特别适合用在有危险的手动控制设备,如应用在冲床、锻压机床上。

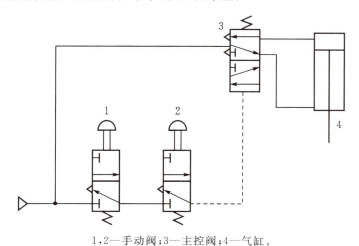

1,2—手动阀;3—主控阀;4—气缸。
图 9-36 手动换向阀的双手操作回路

任务6 气动系统的使用与维护

1. 气动系统使用注意事项
(1) 开车前后要放掉系统中的冷凝水。
(2) 定期给油雾器加油。
(3) 随时注意压缩空气的清洁度,定期清洗分水滤气器的滤芯。
(4) 开车前检查各调节手柄是否在正确位置,行程阀、行程开关、挡块的位置是否正确、牢固。对导轨、活塞杆等外露部分的配合表面进行擦拭干净后方能开车。
(5) 设备长期不用时,应将各手柄放松,以免弹簧失效而影响元件的性能。
(6) 熟悉元件控制机构操作特点,严防调节错误造成事故,要注意各元件调节手柄的旋向与压力、流量大小变化的关系。

2. 压缩空气的污染及防止方法
压缩空气的质量对气动系统的性能影响极大,它若被污染,将使管道和元件锈蚀、密封件变形、喷嘴堵塞,使系统不能正常工作。压缩空气的污染主要来自水分、油分和粉尘三个方面,其污染原因及防止方法如下。

1) 来自水分的污染

压缩空气中水分等杂质经常引起元件腐蚀或动作失灵。特别是我国南方或沿海一带和夏季及雨季,空气潮湿,这常常是气动系统发生故障的重要原因。而事实上,一些用户不了解除去水分的重要性,或者是管路设计不合理,或者是元件安装位置不合理,或者是不在必要的地方设置冷凝水排除器,或者设备管理、维修不善,不能彻底排除冷凝水或杂质。这样往往造成严重的后果。因此,对空气的干燥必须给予足够的重视。

空气压缩机吸入的含水分的湿空气,经压缩后提高了压力,当再度冷却时就要析出冷凝水。介质中水分造成的故障见表9-2。

表9-2 介质中水分造成的故障

故 障	原因或后果
管道故障	1. 使管道内部生锈; 2. 使管道腐蚀造成空气泄漏、容器破裂; 3. 管道底部滞留水分引起流量不足、压力损失过大
元件故障	1. 因管道生锈加速过滤器网眼堵塞,过滤器不能工作; 2. 管内锈屑进入阀的内部,引起动作不良,泄漏空气; 3. 锈屑能使执行元件咬合,不能顺利地运转; 4. 直接影响气动元件的零部件(弹簧、阀芯、活塞杆)受腐蚀、引起转换不良、空气泄漏、动作不稳定; 5. 水滴侵入阀体内部,引起动作失灵; 6. 水滴进入执行元件内部,使其不能顺利运转; 7. 水滴冲洗掉润滑油,造成润滑不良,引起阀的动作失灵,执行元件运转不稳定; 8. 阀内滞留水滴引起流量不足,压力损失增大; 9. 因发生冲击现象引起元件破损

为了排除水分,把压缩机排出的高温气体尽快冷却下来析出水滴,需在压缩机出口处安装冷却器。在空气输入主管道的地方应安装滤气器以清除水分,此外在水平管安装时,要保留一定的倾斜度并在末端设置冷凝水积留处,使空气流动过程中产生的冷凝水沿斜管流到积水处经排水阀排水。为了进一步净化空气,要安装干燥器。除水方法有多种:① 吸附除水法,用吸附能力强的吸附剂,如硅胶、分子筛等;② 压力降温法,利用提高压力缩小体积,降温使水滴析出;③ 机械出水法,利用机械阻挡和旋风分离的方法,析出水滴;④ 冷冻法,利用制冷设备使压缩机空气冷却到露点以下,使空气中的水汽凝结成水而析出。

2)来自油分的污染

压缩机使用的一部分润滑油呈现雾状混入压缩空气中,会随压缩空气一起输送出去。介质中的油分会使橡胶、塑料、密封材料变质,喷嘴孔堵塞,食品医疗机械污染。介质中油分造成的故障详见表9-3。

表9-3 介质中油分造成的故障

故 障	原因或后果
密封圈变形	1.引起密封圈收缩,压缩空气泄漏,动作不良,执行元件输出力不足; 2.引起密封圈泡胀、膨胀、摩擦力增大,使阀不能动作,使执行元件输出力不足; 3.引起密封圈硬化,摩擦面早期磨损使压缩空气泄漏; 4.因摩擦力增大,使阀和执行元件动作不良
污染环境	1.食品、医疗品直接和压缩空气接触时有碍卫生; 2.防护服、呼吸器等压缩空气直接接触人体的场所危害人体健康; 3.工业原料、化学药品直接接触压缩空气的场所原料化学药品的性质变化; 4.工业炉等直接接触火焰的场所有引起火灾的危险; 5.使用压缩空气的计量测试仪器会因污染而失灵; 6.射流逻辑回路中射流元件内部小孔被油堵塞,元件失灵; 7.要求极度忌油的环境,从阀、执行元件的密封部分渗出油以及换向阀的排气中含有的油

介质中油分的清除主要采用滤油器。压缩空气中含有的油分包括雾状粒子、溶胶状粒子以及更小的具有油质气味的粒子。雾状油粒子可用离心式滤清器清除,但是比它更小的油粒子就难于清除。更小的粒子可利用活性炭的活性作用吸收油脂的方法,也可用多孔滤芯使油粒子通过纤维层空隙时,相互碰撞逐渐变大而清除。

3)粉尘

空气压缩机吸入有粉尘的介质而流入系统中,它会引起气动元件的摩擦副损坏,增大摩擦力,也会引起气体泄漏,甚至控制元件动作失灵,执行元件推力降低。介质中粉尘造成的故障详见表9-4。

表9-4 介质中粉尘造成的故障

故 障	原因或后果
粉尘进入控制元件	1.使控制元件摩擦副磨损、卡死、动作失灵; 2.影响调压的稳定性

续表 9-4

故　障	原因或后果
粉尘进入执行元件	1. 使执行元件摩擦副损坏甚至卡死，动作失灵； 2. 降低输出
粉尘进入计量测试仪器	使喷射挡板节流孔堵塞，仪器失灵
粉尘进入射流回路中	射流元件内部小孔堵塞，元件失灵

在压缩机吸气口安装过滤器，可减少进入压缩机中气体的灰尘量。在气体进入气动装置前设置过滤器，可进一步过滤灰尘杂质。

3. 气动系统的噪声

气动系统的噪声，已成为文明生产的一种严重污染，是妨碍气动及时推广和发展的一个重要原因。目前消除噪声的主要方法：一是利用消声器，二是实行集中排气。

4. 密封问题

气动系统中的阀类、气缸以及其他元件，都大量存在着密封问题。密封的作用，就是防止气体在元件中的内泄漏和向元件的外泄漏以及杂质从外部侵入气动系统内部。密封件虽小，但与元件的性能和整个系统的性能都有密切的关系。个别密封件的失效，可能导致元件本身以及整个系统不能工作。因此，对于密封问题，千万不可忽视。密封性能的不良，首先要求结构设计合理。此外，密封材料的质量及对工作介质的适应性，也是决定密封效果的重要方面。气动系统中常用的密封材料有石棉、皮革、天然橡胶、合成橡胶及合成树脂等，其中合成橡胶中的耐油丁腈橡胶用得最多。

标准意识——气动元件关键共性检测技术及标准体系

2018 年 1 月 8 日上午，在 2017 年度国家科技奖励大会上，"气动元件关键共性检测技术及标准体系"项目荣获国家科技进步二等奖。

2009 年，浙江大学工学博士路波受命研究此项目，肩负着中国气动产业质量检测和技术服务的重任，路波和他的团队花了一年多时间，建起了 3000 多平方米的实验室。之后他们依靠一系列自主研发的检测设备，把企业送来的样品迅速数字化，转换成电脑中的一串串数据。企业按图索骥定材料、选设备、出样品，连同气动中心的检测结果直接寄送给客户，一次性过关。

在国家质检公益性行业科研专项、科技支撑项目等支持下，"气动元件关键共性检测技术及标准体系"项目顺利完成，解决了许多行业共性难题：实现了气动控制元件在高速工作过程中消耗空气量的检测；气动元件能效评价方法的建立为评定气动产品能耗情况提供了科学依据；实现了产品泄漏精准定位，大大提高了气动元件密封性检测效率。

该项目形成国家、行业标准 34 项，ISO 标准 1 项，获发明专利 45 项，中国机械工业科学技术一等奖 2 项，发表论文 165 篇，出版专著 1 部，被列入"十二五"重点推广节能技术。

该成果在理论和技术上有多项创新，解决了我国气动元件检测中的关键技术难题，成果在 200 余家企业开展能效评估及节能改造，取得了显著的经济社会效益，同时助推国产气动元件在航空航天、高铁、生物医药等高端领域实现国产化,提升了我国在这些领域的标准话语权。

目前,该项目创建的气动元件及系统能效检测方法和节能技术体系已被全国 200 余家企业采用,近三年为我国节电累计 28×10^9 kW·h 以上。不仅如此,该项目还被应用于长征系列火箭的燃料加注供配气系统,实现了高频变化配气量精准控制。"过去中国的气动元件市场,一直是欧美日跨国公司唱主角。如今我们已打破了发达国家的标准垄断,实现了检测标准的同步领先。"路波博士说。

习题 9

一、填空题

1. 气压传动系统是利用(　　　　)将电动机、内燃机或其他原动机输出的机械能转变为空气的(　　　　),然后在控制元件的控制及辅助元件的配合下,利用执行元件把空气的(　　　　)转变为(　　　　),从而完成直线或回转运动并对外做功。

2. 典型的气压传动系统主要由四部分组成,它们是(　　　　)、(　　　　)、(　　　　)和(　　　　)。

3. 气动系统的动力源指的是(　　　　)。

4. 气动三联件指的是(　　　　)、(　　　　)和(　　　　)。

5. (　　　　)是将压缩空气的压力能转换成机械能的能量转换装置,输出转速和转矩,驱动机构做旋转运动。

二、简答题

1. 简述气压传动系统的组成及各部分的作用。
2. 谈谈气压传动和液压传动各自的优缺点。其适用范围有哪些不同?
3. 简述活塞式空气压缩机的工作原理。
4. 气源为什么需要进行净化处理?气源装置主要由哪些元件组成?
5. 气缸有哪些主要的类型?它们各自具有哪些特点?

三、分析题

1. 图 9-37 所示为气动机械手的工作原理图。试分析并回答以下问题。
(1) 写出元件 1、3 的名称及作用。

(2) 填写电磁铁动作顺序表(见表 9-5)。

2. 图 9-33 所示的工件夹紧气压传动系统中,工件夹紧的时间怎样调节?行程阀 2 有什么作用?

3. 谈谈什么叫气液联动。分析图 9-34 所示气液动力滑台的两种工作循环。

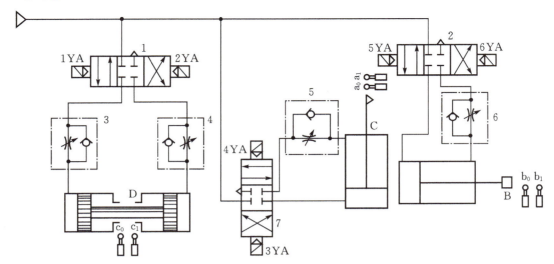

图 9-37 气动机械手工作原理图

表 9-5 电磁铁动作顺序表

电磁铁	垂直缸 C 上升	水平缸 B 伸出	回转缸 D 转位	回转缸 D 复位	水平缸 B 退回	垂直缸 C 下降
1YA						
2YA						
3YA						
4YA						
5YA						
6YA						

附录 A　常用液压与气压传动元件图形符号

(摘引自 GB/T 786.1—2021)

表 A-1　基本符号、管路及连接

名　称	符　号	名　称	符　号
工作管路	 ——	上置油箱	
控制管路	 - - - - -	直接排气	
连接管路	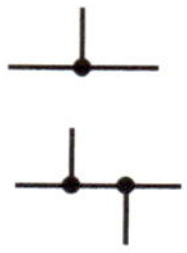	带连接措施的排气口	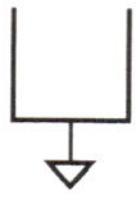
交叉管路	 +	快速接头	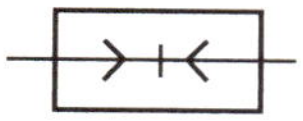
柔性管路		带单向阀的快速接头	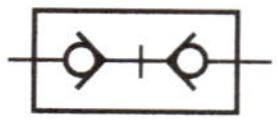
组合元件线	 -·-·-	单通路旋转接头	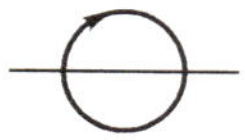
油箱		多通路旋转接头	

表 A-2 控制机构和控制方法

名　称	符　号	名　称	符　号
按钮式 人力控制		双作用 电磁铁控制	
手柄式 人力控制		压力控制	
脚踏式 人力控制		液压 先导控制	
顶杆式 机械控制		气压 先导控制	
弹簧控制		电-液 先导控制	
滚轮式 机械控制		电-气 先导控制	
单作用 电磁铁控制		内部压力 控制	
比例电磁铁		外部压力 控制	

附录A 常用液压与气压传动元件图形符号

附表 A-3 液压动力元件和执行元件（液压泵、液压马达、液压缸）

名 称	符 号	名 称	符 号
液压源		定量液压泵-马达	
气压源		压力补偿变量泵	
单向定量液压泵		单杆活塞缸	
单向变量液压泵		双杆活塞缸	
双向定量液压泵		单作用缸（弹簧复位）	
双向变量液压泵		单作用伸缩缸	
单向定量马达		柱塞缸	
单向变量马达		单向缓冲缸	
双向定量马达		双向缓冲缸	
双向变量马达		摆动马达	

表 A-4 液压控制元件

名 称	符 号	名 称	符 号
直动型溢流阀		先导型比例电磁溢流阀	
先导型溢流阀		直动型顺序阀	
双向溢流阀		先导型顺序阀	
直动型减压阀		单向顺序阀（平衡阀）	
先导型减压阀		旁通型调速阀	详细符号　一般符号
溢流减压阀		卸荷阀	
不可调节流阀		单向阀	
可调节流阀		液控单向阀	
可调单向节流阀		液压锁	

附录A　常用液压与气压传动元件图形符号

续表 A-4

名　称	符　号	名　称	符　号
带消声器的节流阀	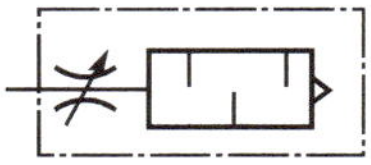	快速排气阀	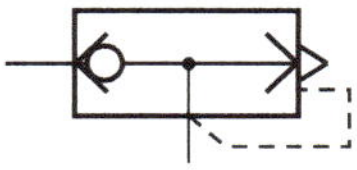
调速阀		单向调速阀	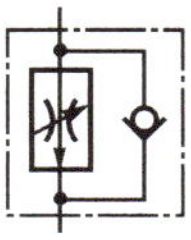
二位二通电磁阀(常断)	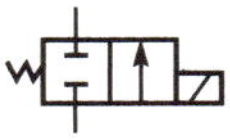	二位二通电磁阀(常通)	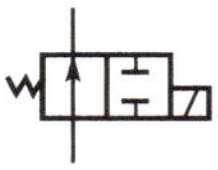
二位三通电磁阀	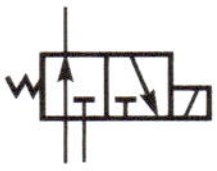	二位四通电磁阀	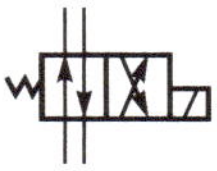
二位五通液动阀		二位四通机动阀	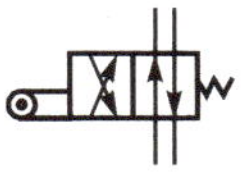
三位四通电磁阀	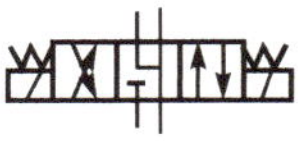	三位四通电液阀	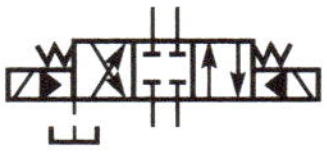
截止阀		三位五通电磁阀	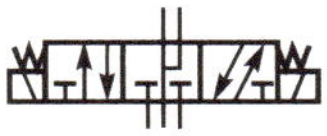

表 A-5　液压辅助元件

名　称	符　号	名　称	符　号
过滤器		磁性过滤器	
空气过滤器	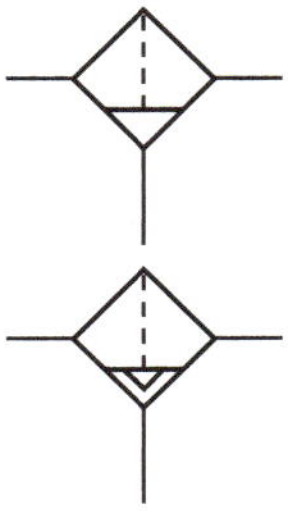	分水排水器	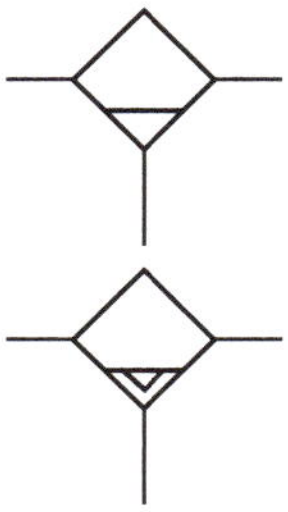

续表 A-5

名　称	符　号	名　称	符　号
消声器		气-液转换器	
蓄能器（一般符号）		蓄能器（气压式）	
温度计		压力计	
液面计		流量计	
电动机		原动机	
空气干燥器		油雾器	
气源调节装置		压力指示器	
行程开关	详细符号　一般符号	压力继电器	详细符号　一般符号
冷却器		加热器	

附录 B "液压与气动技术"模拟试卷

一、填空题(每空 2 分,共 24 分)

1. 我国油液牌号以_____℃时油液的平均_____黏度的_____数表示。
2. 液体流动中的压力损失可分为_____压力损失和_____压力损失。
3. 如图 B-1 所示,设溢流阀的调整压力为 p_Y,关小节流阀 a 和 b 的节流口,得节流阀 a 的前端压力 p_1,后端压力 p_2,且 $p_Y > p_1$;若再将节流口 b 完全关死,此时节流阀 a 的前端压力_____,后端压力_____。

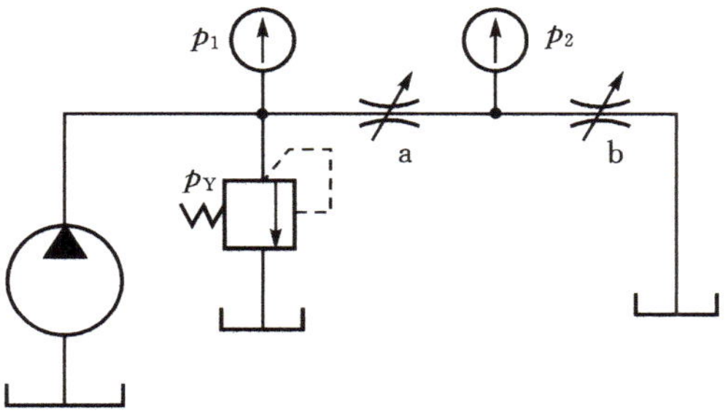

图 B-1

4. 在弹簧对中型电液动换向阀中,主阀的中位机能应选_____型。
5. 对额定压力为 2.5 MPa 的齿轮泵进行性能试验,当泵输出的油液直接通向油箱时,不计管道阻力,泵的输出压力为_____。
6. _____、_____、_____一起称为气动三联件,是多数气动设备必不可少的气源装置。

二、选择题(每题 2 分,共 20 分)

1. 液压系统利用液体的_____来传递动力。
   A. 位能　　　　　B. 动能　　　　　C. 压力能　　　　　D. 热能
2. 设计合理的液压泵的压油管应该比吸油管_____。
   A. 长些　　　　　B. 粗些　　　　　C. 细些　　　　　D. 短些
3. 低压系统宜采用_____。
   A. 齿轮泵　　　　B. 叶片泵　　　　C. 柱塞泵
4. _____的系统效率较高
   A. 节流调速　　　B. 容积调速　　　C. 容积节流调速
5. 液压系统的故障大多数是_____引起的。
   A. 油液黏度不适应　B. 油液污染　　　C. 油温过高　　　　D. 系统漏油

6. _____ 不可以作背压阀。
   A. 溢流阀　　　　　B. 减压阀　　　　　C. 顺序阀　　　　　D. 单向阀
7. 液压泵的理论输入功率_____它的实际输出功率。
   A. 大于　　　　　　B. 等于　　　　　　C. 小于
8. 消防队员手握水龙喷射压力水时，消防队员_____。
   A. 不受力　　　　　B. 受推力　　　　　C. 受拉力
9. 泵在规定转速和额定压力下输出的流量称为_____。
   A. 理论流量　　　　B. 实际流量　　　　C. 额定流量　　　　D. 固定流量
10. 气源装置的核心元件是_____。
    A. 气马达　　　　　B. 油水分离器　　　C. 空气压缩机

三、简答题（每题 6 分，共 12 分）

1. 液压油黏度的选择与系统工作压力、环境温度及工作部件的运动速度有何关系？

2. 液压系统中溢流阀的进口、出口接错后会发生什么故障？如果先导式溢流阀主阀芯阻尼孔堵塞，将会出现什么故障？

四、计算题（每题 6 分，共 12 分）

1. 叶片泵转速 $n=1500$ r/min，输出压力 6.3 MPa 时输出流量为 53 L/min，测得泵轴消耗功率为 7 kW，当泵空载时，输出流量为 56 L/min，求该泵的容积效率和总效率。

2. 如图 B-2 所示，要使液压缸活塞向左或向右运动的速度比 $v_1 = \dfrac{3}{2} v_2$，试求活塞直径 D 与活塞杆直径 d 之比。

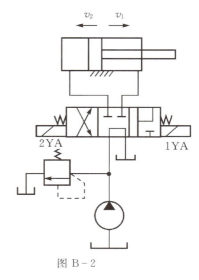

图 B-2

五、分析题（每题 16 分，共 32 分）

1. 如图 B-3 所示，一油管水平放置，截面 1—1、2—2 的内径分别为 $d_1 = 6$ mm，$d_2 = 18$ mm，在管内流动的油液密度为 900 kg/m³。如果忽略油液流动的能量损失，请解答：

(1) 截面 1—1 和 2—2，哪一处的压力高一些？为什么？（8 分）

(2) 如果管内通过的流量 $q = 30$ L/min，求两截面间的压力差。（8 分）

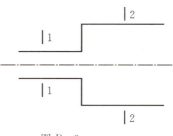

图 B-3

2. 图 B-4 所示液压系统可以实现"快进 → Ⅰ 工进 → Ⅱ 工进 → 快退 → 原位停、泵卸荷"工作循环，请认真识读液压系统图，并完成以下问题。

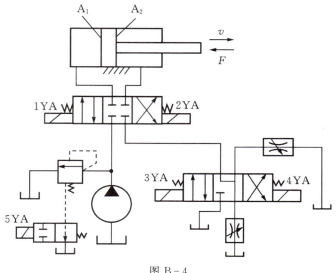

图 B-4

(1) 完成电磁铁动作顺序表（表 B-1）。（8 分）

表 B-1 电磁铁动作顺序表

动　作	1YA	2YA	3YA	4YA	5YA
快进					
Ⅰ 工进					
Ⅱ 工进					
快退					
原位停、泵卸荷					

(2) 写出液压缸快进时的进油路与回油路。（8 分）

进油路：

回油路：

实训 1　液压传动概念示范实训

一、实训目的

通过教师边实训、边演示、边讲解、边提出问题并解答问题,使学生进一步熟悉液压传动的工作过程。

二、实训原理

实训用液压传动原理图如图 S1-1 所示。

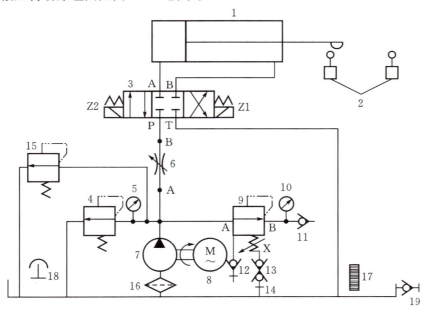

图 S1-1　液压传动原理

图 S1-1 中各液压元件名称及参数如下:

1:双作用液压缸,活塞直径 $D=20$ mm,活塞杆直径 $d=12$ mm,液压缸行程 100 mm;

2:接近开关,2 个,用于发出液压缸的到位电信号;

3:三位四通换向阀,中位机能是 O 型;

4:直动式溢流阀;

5:压力表,测量泵出口压力;

6:节流阀;

7:齿轮泵,额定压力 $P=0.8$ MPa,额定流量 $Q=4$ L/min;

8:单向交流电机,额定功率 200 W;

9:先导式减压阀;

10：压力表，测量减压阀出口的压力；

11：快速接头（减压阀出口）；

12：快速接头（减压阀遥控口）；

13：减压阀先导口弹簧腔快速接头；

14：油箱，公称容积 15 L；

15：限压阀；

16：吸油滤油器；

17：油标；

18：空气滤清器；

19：放油快速接头体。

三、实训内容

由教师演示、讲解实训步骤，并进行提问引导学生思考、分析问题。

1. 压力变化

（1）全松直动式溢流阀 4，打开电源控制箱电源开关，将调速器开关打在"RUN"的位置，调速旋钮顺时针旋转到最大，泵运行后，压力表 5 值为_____ bar 左右（压力值不高），关直动式溢流阀 4，P_5 上升，是什么原因呢？（溢流阀调压）

（2）关紧溢流阀 4，P_5 压力不超过 8 bar，是什么原因呢？（限压阀 15 已限压）

（3）调 $P_5=8$ bar 后，松溢流阀 4，P_5 减小（压力大小取决于负载的大小），反之 P_5 上升。注意：限压阀 15 已经调好，不允许再调节手柄。

（4）当 $P_5=8$ bar 时，调减压阀 9，P_5 不变，P_{10} 变化。（减压阀减压，13 需接油箱）

（5）调 $P_5=8$ bar，$P_{10}=4$ bar 后，用快速接头使 11 通油箱，$P_5=$_____，$P_{10}=$_____（减压阀出口低压小于弹簧调压，不减压相当于旁路卸荷）。说明：由于接头体 11 是高压，另一快速接头体很难接入使 11 通油箱，可以先把 11 通油箱，松溢流阀 4，启动泵后，旋紧溢流阀，P_5、P_{10} 均低压，然后拔掉快速接头 11 的通油箱的接头体，使 11 封闭，此时 P_5 显示高压，P_{10} 压力也上升。

（6）拔出快速接头 11 封闭（减压阀起减压作用）$P_5=$_____，$P_{10}=$_____，此时调溢流阀 4 使 $P_5=3$ bar，则 $P_{10}=$_____（减压阀不起作用，因减压阀只能减压）

（7）$P_5=8$ bar，$P_{10}=4$ bar，拔出快速接头 13，即弹簧腔封闭，$P_5=$_____，$P_{10}=$_____。（减压阀弹簧腔需单独回油箱，否则不减压）

（8）$P_5=8$ bar，$P_{10}=6$ bar 时接入快速接头 12，使 12 通油箱，$P_5=$_____，$P_{10}=$_____。（减压阀遥控口调压，现为卸荷状态）

2. 换向现象

（1）$P_5=8$ bar，全开节流阀，点动"右行/启动"按钮，活塞杆伸出，按下"停止"按钮，电磁铁 Z2 失电，点动"左行"按钮，电磁铁 Z1 得电，活塞杆退回（换向阀动作油缸换向）。注意：缸运动时 $P_5=$_____，到底后 $P_5=$_____。（压力大小取决于负载大小）

（2）将"控制切换"打在"自动"端，点动"右行/启动"按钮，油缸自动完成连续往复运动。注意：此时应将接近开关接到相应传感器接口，其中传感器 1 对应四芯航空插头，传感器 2 对应 5 芯航空插头。

3. 速度变化

（1）$P_5=8$ bar，关小节流阀 6，观察活塞杆运动速度变慢，并观察杆运动时 $P_5=$ _____，溢流阀口开度_____。推杆到底时 $P_5=$ _____。

（2）$P_5=8$ bar，全开节流阀，调电机转速变慢，观察油缸速度变慢，为什么？（$V=Q/A$）同时观察运动时 $P_5=$ _____，推杆到底时 $P_5=$ _____。（运动时 P_5 变小是泵流量减小后液阻减小）

（3）$P_5=8$ bar，全开节流阀，当换向阀中位时、油泵高速时 $P_5=$ _____，调到慢速时 $P_5=$ _____。（流量小时卸荷压力减小）

实训 2　液压泵的拆装实训

任务 1　CB-B 型外啮合齿轮泵拆装

一、实训目的

拆装 CB-B 型外啮合齿轮泵,了解 CB-B 型外啮合齿轮泵的结构特点、工作原理。

二、实训原理

CB-B 型外啮合齿轮泵是一种常见的齿轮泵,属于分离三片式结构。CB-B 齿轮泵的结构如图 S2-1 所示,当泵的主动齿轮按顺时针方向旋转时,齿轮泵右侧(吸油腔)齿轮脱开啮合,齿轮的轮齿退出齿间,使密封容积增大,形成局部真空,油箱中的油液在外界大气压的作用下,经吸油管路、吸油腔进入齿间。随着齿轮的旋转,吸入齿间的油液被带到另一侧,进入压油腔。这时轮齿进入啮合,使密封容积逐渐减小,齿轮间部分的油液被挤出,形成了齿轮泵的压油过程。齿轮啮合时齿向接触线把吸油腔和压油腔分开,起配油作用。当齿轮泵的主动齿轮由电动

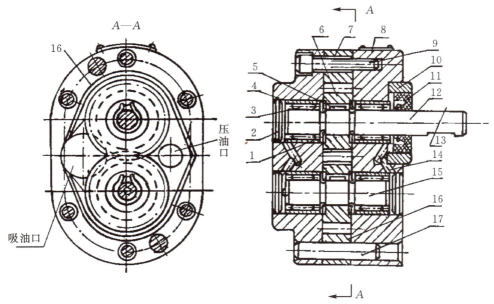

1—轴承外环;2—堵头;3—滚子;4—后泵盖;5—键;6—齿轮;7—泵体;
8—前泵盖;9—螺钉;10—压环;11—密封环;12—主动轴;13—键;
14—泄油孔;15—从动轴;16—泄油槽;17—定位销。

图 S2-1　CB-B 齿轮泵的结构图

机带动不断旋转时,轮齿脱开啮合的一侧,由于密封容积变大则不断从油箱中吸油,轮齿进入啮合的一侧,由于密封容积减小则不断地排油。

三、实训内容

1. 液压泵拆卸步骤
(1)看图熟悉泵的结构。
(2)观察实物,看清螺钉与定位销的位置及数目、铭牌标记等内容。
(3)拔出两根定位销。
(4)对称松开并拆卸下4颗六角螺钉。
(5)取下前泵盖。
(6)从前泵盖上取出被动齿轮和被动轴。
(7)用内卡簧钳取出前泵盖中的卡簧,用专用钢套轻轻敲出内侧的油封。

2. 齿轮泵结构特点观察与分析
(1)注意观察泵盖上的泄油孔、卸荷槽,并比较泵体两端的卸荷槽。
(2)注意铭牌的观察,铭牌标注了泵的基本参数,如泵的排量、泵的额定压力等。
(3)注意观察泵的三片式结构的装配特点。
(4)注意观察齿轮泵中存在三个可能产生泄漏的部位:齿轮外圆与泵体配合处、齿轮端面和端盖间、两个齿轮的齿面啮合处。

3. 装配要点和注意事项
装配按拆卸相反顺序进行。装配时应注意以下事项:
(1)零件拆卸完毕后,用汽油清洗全部零件,干燥后用不起毛的布擦拭干净。
(2)注意油封唇口的方向。
(3)装配时应防止对零件的损伤。
(4)拧紧螺钉时要让几个螺钉均匀受力。
(5)装配后向油泵的进出油口注入机油,用手转动应均匀无过紧感觉。

▶ 任务2　YB型双作用叶片泵拆装

一、实训目的

拆装YB-1型双作用叶片泵,了解YB-1型双作用叶片泵的结构特点、工作原理。

二、实训原理

图S2-2为双作用叶片泵的工作原理图。双作用叶片泵由定子、转子、叶片和配油盘等组成。转子与定子中心重合,定子内表面近似为椭圆柱形,该椭圆柱形由两段长半径为R、短半径为r的椭圆曲线和四段过渡曲线所组成。当转子转动时,叶片的离心力和(减压后)根部压力油的作用下,在转子槽内作径向移动而压向定子内表面,由叶片、定子的内表面、转子的外表面和两侧配油盘形成若干个密封空间,当转子按附图7所示方向旋转时,处在小圆弧上的密封空间经过渡曲线运动到大圆弧的过程中,叶片外伸,密封空间的容积增大,吸入油液;在从大圆弧经过渡曲线运动到小圆弧的过程中,叶片被定子内壁逐渐压进槽内,密封空间容积变小,将油液从压油口压出,因而,当转子每转一周,每个工作空间要完成两次吸油和压油,所以成为双作用叶片泵。

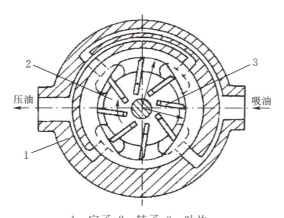

1—定子;2—转子;3—叶片。

图 S2-2　双作用叶片泵工作原理图

图 S2-3 为 YB-1 型双作用叶片泵的结构图。

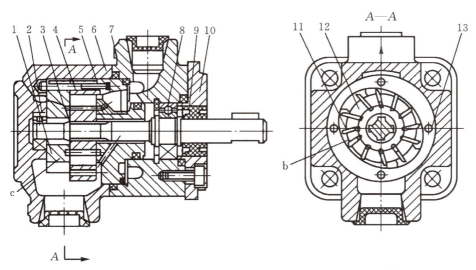

1—左配油盘;2,6—滚珠轴承;4—定子;5—右配油盘;6—左泵体;
7—右泵体;9—油封;10—压盖;11—叶片;12—转子;13—螺钉。

图 S2-3　YB-1 型双作用叶片泵的结构图

三、实训内容

1. 拆卸步骤

(1) 拆下右泵体盖板上的紧固螺栓,取下盖板和两个油封。

(2) 拆下连接左、右泵体的 4 个固定螺栓,分离左、右泵体。

(3) 用铜棒轻轻敲击传动轴,退出主轴和两端径向球轴承。拆下左右配油盘、定子、转子和叶片组成的部件。

(4) 拆下两个紧固螺钉,分解左右配油盘、定子、转子以及叶片组成的部件。

2. 叶片泵结构特点观察与分析

(1) 注意观察左右泵体、转子、定子、配油盘、传动轴、两个径向球轴承和油封的位置及各零部件间的装配关系。

(2) 注意观察铭牌,铭牌标注了泵的基本参数,如泵的排量,泵的额定压力等。

(3) 注意观察泵的装配特点,即定子、转子、叶片、配油盘等油泵内部的零件用螺钉紧固成一个组合体。

(4) 注意观察配油盘结构、配油盘上的三角槽的位置。

(5) 注意观察定子曲线的形状和叶片放置的倾角。

(6) 注意观察泵体上油道的位置和形状,并仔细分析它们的作用。

3. 装配要点和注意事项

装配按拆卸相反顺序进行。装配时应注意以下事项:

(1) 泵的定子、转子、叶片和左右配油盘通过两个螺钉进行预紧。

(2) 预紧螺钉头部安装于左泵体的内孔中,以保证定子、配油盘与泵体的相对位置。

(3) 该泵的旋转方向是固定的,安装时要注意定子、转子和叶片的方向。

任务 3 轴向柱塞泵的拆装

一、实训目的

拆装 CY 型直轴式轴向柱塞泵,了解轴向柱塞泵的结构特点、工作原理。

二、实训原理

图 S2-4 为轴向柱塞泵的结构图。轴向柱塞泵由斜盘、柱塞、缸体、配油盘、传动轴等组成。回程盘和柱塞滑履一同转动。在排油过程中借助斜盘 1 推动柱塞作轴向运动;在吸油时依靠回程盘、钢球和弹簧组成的回程装置将滑履紧紧压在斜盘表面上滑动。传动轴通过左边的花键带动缸体旋转,由于滑履贴紧在斜盘表面上,柱塞在随缸体旋转的同时在缸体中做往复运动。缸体中柱塞底部的密封工作容积是通过配油盘与泵的进出口相通的。随着传动轴的转动,液压泵连续地吸油和排油。

实训2　液压泵的拆装实训

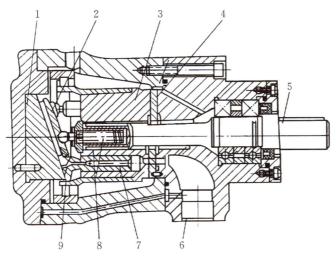

1—斜盘；2—回程盘；3—缸体；4—配油盘；
5—传动轴；6—进口或出口；7—柱塞；8—弹簧；9—滑靴。

图 S2-4　轴向柱塞泵的结构

三、实训内容

1. 拆卸步骤

（1）注意辨清后泵体、中间泵体和前泵体三大部分，翻转柱塞泵使传动轴伸出端垂直向下，将柱塞泵放在工作台边上。

（2）拆掉后泵体与中间泵体连接螺钉，轻转后泵体，慢慢向上用劲取出斜盘，观察什么力量使回程盘始终与后泵体的斜盘接触。

（3）在滑履及回程盘上用记号笔编号，防止安装时搞错。

（4）轻轻向上提取回程盘，不要歪斜，7只柱塞随即取出，放入专用油盆。

（5）取下钢球、中心内套、弹簧、中心外套、检查它们是否正常，思考是什么力使缸体端面与配流盘靠紧？如何实现密封的？

（6）柱塞孔与滑履对应编号，缸体和传动轴花键对应编号，以免装配时错位。

（7）将柱塞泵翻转，让传动轴伸出端向上，卸掉前泵体的八颗连接螺钉，用木锤轻击中间泵体和前泵体，将二者分开，可见缸体和配流盘。用细铜棒对称轻击轴承的外圈，卸下轴承和缸体。

（8）卸掉传动轴上的键、前泵体端盖上的端盖螺钉、组合密封胶圈。

（9）用软金属垫在传动轴端花键上轻轻敲击，卸下轴承及内外隔圈。

2. 结构特点观察

（1）注意观察泵体的结构，泵体上有与柱塞相配合的加工精度很高的圆柱孔，中间开有花键孔。

（2）注意观察铭牌，铭牌标注了泵的基本参数，如泵的排量、泵的额定压力等。

（3）注意观察柱塞、滑履及斜盘的连接情况，柱塞和滑履中心开有小孔。

(4)注意观察中心弹簧2中弹簧、内套、钢球和回程盘及滑履的连接形式。

(5)注意观察配油盘结构,了解其上配油窗口和卸荷槽的位置。

(6)注意观察手动变量机构的结构特点和操作形式。

3. 装配要点和注意事项

装配按拆卸相反顺序进行。装配时应注意以下事项:

(1)用汽油清洗各零部件,并按顺序放好。

(2)将变量机构和泵体分别装配完毕后再进行组装。

(3)装配变量活塞和传动轴时,活塞和传动轴表面涂上少许液压油。

实训 3　液压回路实训

任务 1　方向控制回路

一、实训目的
认识换向阀、行程阀的实物与职能符号,了解其工作原理及各元件在系统中所起的作用。

二、实训原理
图 S3-1 是用行程开关自动控制连续的换向回路。1 为单向变量泵,2 为三位四通电磁换向阀,3 为单杆活塞缸,A、B 为行程开关。

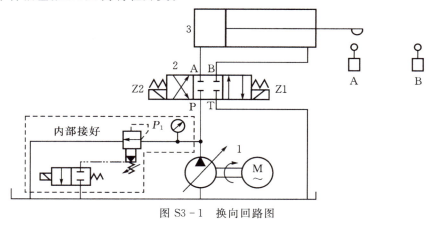

图 S3-1　换向回路图

三、实训内容
图 S3-2 是换向回路的电控图,图中 SB2 是启动按钮,SB1 是停止按钮。

(1)按下启动按钮 SB2,电磁铁 Z1 得电,液压缸 3 的左腔进高压油,液压缸 3 的活塞杆伸出向右运动。

(2)液压缸 3 的活塞杆向右运动到底,此时行程开关 B 发信,电磁铁 Z2 得电,液压缸 3 的右腔进高压油,活塞杆向左运动。

(3)液压缸 3 的活塞杆向左运动到底,此时行程开关 A 发信,电磁铁 Z1 得电活塞杆向右连续往返。

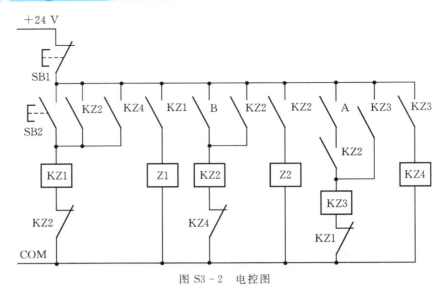

图 S3-2 电控图

任务 2 压力控制回路

一、实训目的

认识溢流阀、减压阀的实物与职能符号,了解其工作原理及各元件在系统中所起的作用。

二、实训原理及内容

1. 压力调节回路

图 S3-3 为压力调节回路,调节溢流阀 1,压力 P 随之发生变化。

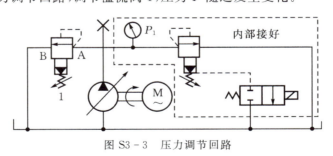

图 S3-3 压力调节回路

2. 减压回路

图 S3-4 为压力调节回路的电控图。电磁铁 Z1 断电,油缸活塞杆右行到底,调节溢流阀 1 使压力为 5 MPa,调节减压阀 2 使压力为 3 MPa。同时观察油缸运动时和油缸右行到底时 P_1 的值,并填入表 S3-1。

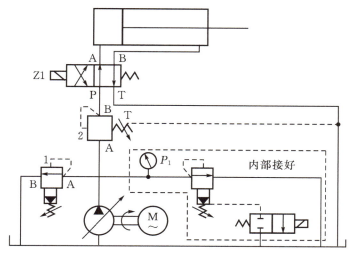

图 S3-4 压力调节回路的电控图

表 S3-1

动作	P_1/MPa
油缸运动	
油缸到底	

▶ 任务 3　节流调速回路

一、实训目的

认识节流阀的实物与职能符号,了解其工作原理及各元件在系统中所起的作用。

二、实训原理

油缸运动速度 $V=Q/A$,一般控制进入油缸的流量就可以改变活塞杆运动速度,定压式节流调速采用改变节流阀、调速阀的阀口开口量,形成阀前后的压差,使油泵部分油从溢流阀溢出。从而调节进入油缸的流量,而变压式旁路节流直接从油泵放掉部分流量。

三、实训内容

图 S3-5 为节流调速回路图,图 S3-6 为节流调速回路的电控图。调溢流阀 1,使 $P_1=5$ MPa,节流阀 3 全开,Z1 得电,活塞杆右行,速度不变化。Z2 得电,油缸退回。关小节流阀 3,Z1 得电,活塞杆右行,速度变慢。同时观察 P_1 的值,填入表 S3-2。

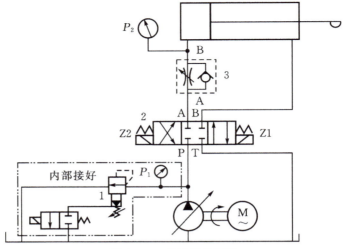

图 S3-5 节流调速回路

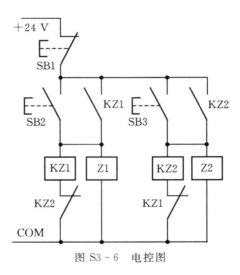

图 S3-6 电控图

表 S3-2

动作		P_1	速度变化
节流阀全开	缸运动		
	缸到底		
节流阀关小	缸运动		
	缸到底		

任务 4 顺序动作回路

一、实训目的
认识单向顺序阀、行程开关的实物与职能符号,了解其工作原理及各元件在系统中所起的作用。

二、实训内容

1. 采用单向顺序阀的双缸顺序动作回路
图 S3-7 为采用单向顺序阀的双缸顺序动作回路,图 S3-8 为其电控图。

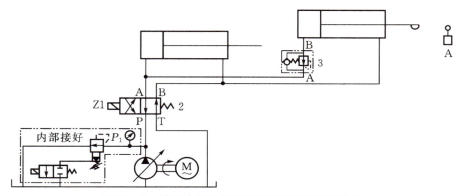

图 S3-7 采用单向顺序阀的双缸顺序动作回路图

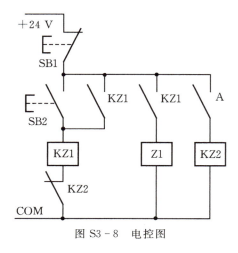

图 S3-8 电控图

(1)动作顺序表,如表 S3-3 所示。

表 S3-3 动作顺序表

动作要求	Z1	顺序阀 3	A	P_1/MPa
→左缸进	−	−	−	
→右缸进	−	+	−(+)	
←同退	+	−	−	

(2)用继电器线路或 PLC 编程完成上述双缸顺序动作。

说明:

①顺序阀 3 稍调紧,左缸前进泵压很低,当左缸运动到底后,泵压升高,右缸前进;

②两缸返回时,由于油管长度不同,不能同时返回。

2. 采用压力继电器和行程开关的双缸顺序动作回路

图 S3-9 为用压力继电器和行程开关发信的双缸顺序动作回路。

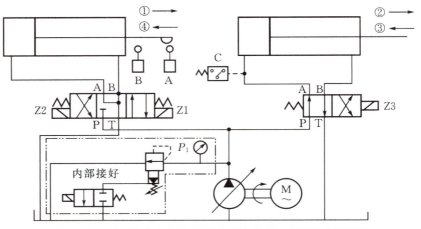

图 S3-9 采用压力继电器和行程开关的双缸顺序动作回路图

(1)动作顺序要求:

左缸前进→右缸前进→双缸同退→停(因压差不同,双缸退回时,有前后)。

(2)按液压系统图和动作顺序,其发信状况:Z1 得电→左缸前进→到底后 A 发信,Z3 失电→右缸前进→到底后 C 发信→Z2 得电,Z3 得电→缸 2 缸 1 同时退回→到底后 B 发信→停泵。

(3)读通上述发信状况,自行填写动作顺序表(自制表)。

(4)按动作顺序表,用 PLC 编程完成上述双缸顺序动作。

实训 4　气动回路实训

一、实训目的

认识气缸、气动阀、气泵及气动三联件的实物与职能符号,了解其工作原理及各元件在系统中所起的作用。

二、实训原理

图 S4-1 为实训气动回路图。

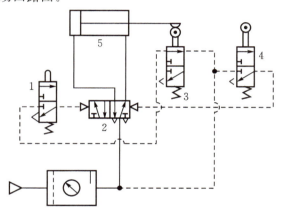

1—手旋阀；2—气控二位五通阀；3、4—杠杆式机械阀；5—双作用气缸。

图 S4-1　气动回路图

三、实训内容

(1)根据气动回路图,把所需的气动元件有布局地卡在铝型材上,再用气管把它们连接在一起,组成回路。

(2)仔细检查后,打开气泵的放气阀,压缩空气进入气动三联件。调节气动三联件中间的减压阀,使压力为 0.4 MPa,由原理图可知,气缸首先应退回气缸最底部,调整机械阀 3,使阀 3 处在动作状态位,此后手旋手动阀 1,使之换位,气缸前进,到头后,调整机械阀 4,使阀 4 也工作在动作状态位,这样气缸便可周而复始地动作。

(3)使手动阀 1 复位,气缸退回到最底部后,便停止工作。手动阀 1 手旋 1 次,气缸便往返 1 次。

参考文献

[1] 刘忠伟. 液压与气压传动[M]. 2 版. 北京:化学工业出版社,2011.
[2] 陈奎生. 液压与气压传动[M]. 武汉:武汉理工大学出版社,2001.
[3] 路甬祥. 液压气动技术手册[M]. 北京:机械工业出版社,2006.
[4] 中国机械工业教育协会. 液压与气压传动[M]. 北京:机械工业出版社,2001.
[5] 雷天觉. 新编液压工程手册[M]. 北京:机械工业出版社,1992.
[6] 邓英剑,刘志勇. 液压与气压传动[M]. 北京:国防工业出版社,2007.
[7] 张世亮. 液压与气动技术[M]. 北京:机械工业出版社,2006.
[8] 张玉莲. 液压气压传动与控制[M]. 杭州:浙江大学出版社,2006.
[9] 毛好喜. 液压与气动技术[M]. 北京:人民邮电出版社,2009.
[10] 张宏友. 液压与气动技术[M]. 大连:大连理工大学出版社,2009.
[11] 朱梅. 液压与气动技术[M]. 西安:西安电子科技大学出版社,2007.
[12] 丁树模. 液压传动[M]. 北京:机械工业出版社,2006.
[13] 兰建设. 液压与气压传动[M]. 北京:高等教育出版社,2002.
[14] 许福玲,陈尧明. 液压与气压传动. 3 版. 北京:机械工业出版社,2007.
[15] 左健民. 液压与气压传动[M]. 北京:机械工业出版社,2004.
[16] 刘延俊. 液压与气压传动[M]. 北京:机械工业出版社,2002.
[17] 刘延俊. 液压系统使用与维护[M]. 北京:化学工业出版社,2006.
[18] 马振福. 液压与气压传动[M]. 3 版. 北京:机械工业出版社,2020.
[19] 石金艳. 液压与气压传动[M]. 2 版. 北京:航空工业出版社,2021.
[20] 左健民. 液压与气压传动[M]. 5 版. 北京:机械工业出版社,2021.
[21] 刘延俊. 液压与气压传动[M]. 4 版. 北京:机械工业出版社,2020.
[22] 张林. 液压与气压传动技术[M]. 3 版. 北京:人民邮电出版社,2019.
[23] 国家标准化管理委员会. 流体传动系统及元件 图形符号和回路图 第 1 部分:图形符号:GB/T 786.1—2021[S]. 北京:中国标准出版社,2021.